恩施玉露及其制作技艺

主　编　彭　青　彭经寿
副主编　杜亚如　芦　珉　张文旗
主　审　杨胜伟

北京理工大学出版社
BEIJING INSTITUTE OF TECHNOLOGY PRESS

内 容 提 要

"恩施玉露及其制作技艺"是一门理论与实践紧密结合的职业核心能力培养课程，课程教学的目的是学生通过系统的学习和实践，了解恩施玉露的发展历史、制作技艺等，从而掌握恩施玉露传统制作技艺的基本理论和实践技能。本书分为五个模块共 11 个单元，主要内容包括：模块一，了解恩施玉露（主要讲述恩施玉露的发展历史、恩施玉露在茶叶分类中的地位）；模块二，恩施玉露产地环境与鲜叶要求（主要讲述恩施玉露产地环境、恩施玉露适制品种与鲜叶要求）；模块三，恩施玉露制作技艺（主要讲述恩施玉露传统制作工艺、恩施玉露机械生产技术、恩施玉露品质形成原理）；模块四，恩施玉露感官评审与检验技术（主要讲述恩施玉露感官评审方法、恩施玉露理化检验技术）；模块五，恩施玉露冲泡及品饮方法（主要讲述科学冲泡恩施玉露、恩施玉露冲泡技法与品饮方法）。

本书可作为高等院校相关专业的教学用书，也可作为其他爱好者的参考用书。

图书在版编目（CIP）数据

恩施玉露及其制作技艺 / 彭青，彭经寿主编.--北京：北京理工大学出版社，2023.10

ISBN 978-7-5763-2985-8

Ⅰ.①恩… Ⅱ.①彭… ②彭… Ⅲ.①制茶工艺－恩施土家族苗族自治州 Ⅳ.①TS272.4

中国国家版本馆CIP数据核字（2023）第196820号

责任编辑：王梦春		**文案编辑**：邓 洁	
责任校对：周瑞红		**责任印制**：王美丽	

出版发行 / 北京理工大学出版社有限责任公司

社 址 / 北京市丰台区四合庄路 6 号

邮 编 / 100070

电 话 / （010）68914026（教材售后服务热线）

（010）68944437（课件资源服务热线）

网 址 / http://www.bitpress.com.cn

版印次 / 2023 年 10 月第 1 版第 1 次印刷

印 刷 / 河北鑫彩博图印刷有限公司

开 本 / 787 mm×1092 mm 1/16

印 张 / 9

字 数 / 194 千字

定 价 / 89.00 元

前　言

习近平总书记高度重视茶文化保护传承与发展，在国内多地考察调研时，亲自到茶园查看春茶长势，同茶农亲切交谈，观摩茶叶炒制，参与炒茶劳动，鼓励大家把传统手工艺等非物质文化遗产传承好，统筹做好茶文化、茶产业、茶科技这篇大文章。青青茶园，见证了习近平总书记对传承文化遗产、坚持绿色发展、推进乡村振兴的殷殷期待。

恩施土家族苗族自治州充分利用自身独特的自然环境和资源优势，致力于把茶产业建设成为全州最大的富民产业之一，做大做活茶文章。目前，恩施州已经形成"恩施硒茶"公共品牌，恩施玉露是恩施硒茶中最具代表性的拳头产品，在茶产业中一枝独秀，并在2018年东湖茶叙国事活动中，作为国家礼茶招待外国元首。

恩施玉露作为中国历史上唯一一款保留下来的蒸青针形绿茶，迄今已有340多年的历史。其制作技艺被列入国务院颁布的"第四批国家级非物质文化遗产代表性项目名录"。2022年11月，我国申报的"中国传统制茶技艺及其相关习俗"列入联合国教科文组织人类非物质文化遗产代表作名录，恩施玉露制作技艺名列其中。为了使学生更好地了解恩施玉露文化，掌握恩施玉露制作技艺，编者编写本书。

"恩施玉露及其制作技艺"课程是现代农业技术专业的核心课程，也是高职高专学生的公共选修课，目前没有专门的教材。本书按就业岗位群所需的知识点及要求来安排和组织教学内容，以培养茶叶加工工、评茶员和茶艺师职业需求为导向，以国家职业技能标准为依据，紧密结合实际，系统介绍了恩施玉露的历史渊源、产地环境、适制品种、加工工艺、茶叶审评与检验技术、品鉴艺术等内容。各模块前设置"模块介绍"和"学习目标"；文中图文并茂，还有丰富的视频资料；模块末设置"测一测"，既有专业理论又有实训操作。

本书是集体智慧的结晶，由国家级非遗项目恩施玉露制作技艺国家级代表性传承人杨胜伟任主审，参加编写的人员既有恩施职业技术学院恩施玉露制作技艺传承基地长期从事

职业教育的教师，又有来自恩施玉露生产企业的工作者，他们都具有丰富的实践经验。本书具体编写分工：恩施职业技术学院彭青编写模块一的单元一、模块三的单元一、模块四；恩施职业技术学院彭经寿编写模块三的单元二、单元三；恩施职业技术学院杜亚如编写模块一的单元二、模块二；恩施职业技术学院芦珉编写模块五；恩施市润邦国际富硒茶业有限公司张文旗参与编写了模块一的单元一。本书由彭青、彭经寿主编并统稿。

本书编写过程中参阅了杨胜伟的专著《恩施玉露》，以及许多同行、专家的论著、文献、资料等，还得到恩施职业技术学院教师黄思勇和柯清江，以及恩施花枝山生态农业有限公司董事长刘小英的大力支持，在此一并表示真诚的谢意！

由于编者的学术水平和实践经验有限，书中的错漏之处在所难免，恳请各位同仁批评指正。

编　者

 目 录

模块一　了解恩施玉露

🔖 **模块介绍**●

（1）恩施玉露是我国历史上唯一一款保存下来的蒸青针形绿茶，迄今已有340多年的历史。2014年，恩施玉露制作技艺被列入国家级非物质文化遗产代表性项目名录，2022年11月，我国申报的"中国传统制茶技艺及其相关习俗"被列入联合国教科文组织人类非物质文化遗产代表作名录，其中就包括恩施玉露制作技艺。

（2）本模块介绍恩施玉露及其制作技艺的概念，以了解它的前世今生和技艺世袭传承。

（3）本模块还介绍茶叶分类的基本方法和恩施玉露在茶叶分类中的地位。

🔖 **学习目标**●

知识目标：

（1）了解恩施玉露及其制作技艺的概念；

（2）了解恩施玉露发展历程和技艺传承；

（3）熟悉恩施玉露在茶叶分类中的地位。

能力目标：

掌握茶叶分类的基本方法。

素养目标：

（1）了解恩施玉露的发展历程，让更多年轻人喜欢恩施玉露，传播恩施玉露文化；

（2）了解恩施玉露传统制作传承谱系和非遗进阶之路，对传承宝贵的非物质文化遗产具有重要的意义。

单元一　恩施玉露的发展历史

单元导入

　　恩施玉露属于绿茶类，是中国历史上唯一一款保存下来的蒸青针形绿茶。就加工工艺而言，它沿袭唐朝制茶的蒸青工艺，始创于康熙十九年，成名于民国初期，后经几度兴衰，复兴于 20 世纪末，从 21 世纪初开始取得长足发展。那么，恩施玉露的发源地到底在哪里？作为一种绝技，它是通过怎样的方式传承至今的？让我们带着这些问题，开始本单元的学习。

相关知识

一、发源地与产区扩展

　　唐代陆羽《茶经》记载："茶者，南方之嘉木也。一尺二尺乃至数十尺；其巴山、峡川有两人合抱者，伐而掇之。"巴山、峡川即今川东、重庆、恩施等地区。明代黄一正《事物绀珠》载："茶类今茶名……崇阳茶、蒲圻茶、圻茶、荆州茶、施州茶、南木茶（出江陵）。"恩施古时曾称施州。早在 3 世纪，鄂西茶叶生产、加工和制造技术已经有了一定的规模。

　　恩施玉露，发源地为湖北省恩施市芭蕉侗族乡黄连溪。清康熙年间，恩施芭蕉黄连溪有一蓝姓茶商垒灶研制，与今日之玉露茶焙炉极为相似，所制茶叶，外形紧圆、挺直、色绿，毫锋银白如玉，曾称"玉绿"。与恩施芭蕉黄连溪一山之隔的宣恩县庆阳坝农民也设厂剽学技艺，建厂制茶。

　　1938 年，由湖北省管茶官杨润之带领制茶技术工人杨义茂等，将茶厂从宣恩县庆阳坝迁到恩施城关镇东郊五峰山，建设开厂。所制茶叶香高、味鲜爽，外形色泽翠绿，毫白如玉，格外显露，改名"玉露"。20 世纪 50 年代初至 80 年代末，五峰山一带曾是恩施玉露主产地，21 世纪初，主产地又返回原产地芭蕉侗族乡。

　　2007 年，原国家质量监督检验检疫总局批准对"恩施玉露"实施地理标志产品保护，2010 年，湖北省质量技术监督总局发布地方标准《地理标志产品 恩施玉露》（DB42/T 351—2010）（图 1-1）。该标准具有明显的地方特点，对促进、规范恩施玉露茶的生产和销售起到指导和保护作用。

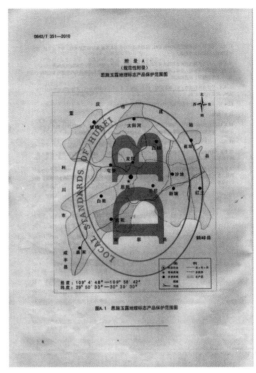

图 1-1　《地理标志产品 恩施玉露》（DB42/T 351—2010）

2010 年春，恩施市人民政府宣布，将恩施玉露产区扩展到了恩施市各个乡镇和办事处。

2021 年 11 月，经恩施州委、州政府批复同意，国家知识产权局核准，恩施玉露授权生产范围成功扩大至全州所辖 8 县市的 91 个乡镇，恩施州茶产业协会为商标持有人。

《地理标志产品
恩施玉露》
（DB42/T 351—2010）

◆ **拓展知识** ◆

茶叶标准的分类与分级

茶叶标准是茶叶企业生产、加工、贸易、检验和管理部门共同遵守的准则，从不同角度可分为很多类别。

（1）按照标准信息载体可分为文字标准和实物标准。

（2）按照标准制定主体可分为国际标准、区域标准和国内（中国）标准。

（3）按照标准约束对象的基本属性可分为技术标准（以"物"为对象，包括基础标准、产品标准、通用方法标准、安全卫生标准、环境保护标准等）、管理标准（以"事"为对象，包括国民经济管理、企业管理中涉及的管理标准等）和工作标准

[对象是"人"，是为了将技术标准、管理标准落实到具体岗位（或部门）去完成所制定的标准]。

（4）按照标准约束力大小可分为强制标准和推荐标准。依据《中华人民共和国标准化法》《中华人民共和国标准化法实施条例》，中国标准分为四级，即国家标准、行业标准、地方标准、企业标准（或团体标准）。

二、历史沿革与成就

恩施玉露产制历史悠久，文化底蕴深厚，制作技艺精湛，成茶品质风格独特。

（一）清代传统名茶

中国工程院院士陈宗懋等主编的《中国茶经》记载："清代名茶……产于湖北恩施，属细嫩蒸青绿茶。""传统名茶，如西湖龙井、庐山云雾、洞庭碧螺春、黄山毛峰、太平猴魁、恩施玉露、信阳毛尖、六安瓜片……。"

2000年12月1日，王镇恒、王广智主编的《中国名茶志》中对恩施玉露的记载与陈宗懋等主编的《中国茶经》中记载完全一致，而且叙述得更加详尽。

（二）湖北第一历史名茶

《中国茶经》中记载："各产茶省主要名茶品目……湖北省绿茶有恩施玉露、宜昌的邓村绿茶等。"恩施玉露被列为湖北省历史名茶第一位。

《湖北日报》2007年11月15日登载，恩施玉露是我国历史上唯一一款保存下来的蒸青针形绿茶，它与西湖龙井、黄山毛峰、洞庭碧螺春、君山银针等一起被列为清代名茶。这与陈宗懋等《中国茶经》、王镇恒等《中国名茶志》等典的记载完全一致。

2008年7月23日，在湖北省农业厅组织下，来自中国农业科学院茶叶研究所和湖北省农业厅等单位的鲁成银、李传友、宗庆波、龚自明、倪德江、徐能海、王承能、顾晓东、杨胜伟、吕宗浩等13名专家，反复讨论，一致认定：恩施玉露为湖北第一历史名茶（图1-2）。

（三）中国十大名茶

20世纪60年代初，恩施玉露就被列为"中国十大名茶"之一。关于中国十大名茶，《重庆日报》2004年12月31日载文，恩施玉露在十大名茶排序中居于第六位，即西湖龙井、洞庭碧螺春、黄山毛峰、庐山云雾、六安瓜片、恩施玉露、白毫银针、武夷岩茶、安溪铁观音和普洱茶。

图 1-2　湖北第一历史名茶——恩施玉露

（四）国家礼茶

2018 年 4 月 28 日，国家主席习近平与印度总理莫迪在湖北省武汉市举行非正式会晤。在东湖茶叙中，习近平主席以恩施玉露和利川红为国家礼茶，招待了莫迪总理。

2018 年 5 月 19 日，恩施玉露和利川红成为"联合国粮农组织政府间茶叶工作组第23 届会议"用茶。

2018 年 7 月 12 日，由外交部和湖北省人民政府共同组织，在外交部南楼蓝厅举行"新时代的中国：湖北，从长江走向世界"推介活动，向来自 128 个国家、18 个国际组织的驻华使节、国际组织代表、海外工商界代表及中外媒体记者等 480 余人推介了恩施玉露。

2019 年 4 月 28 日，恩施市润邦国际富硒茶业有限公司在武汉东湖宾馆长江厅，正式与第七届世界军人运动会组委会签约：恩施玉露成为运动会期间的专供饮品（图 1-3）。

图 1-3　恩施玉露成为运动会期间的专供饮品

2021年4月28日，恩施土家族苗族自治州人民政府和湖北省农业农村厅共同组织，在武汉市东湖宾馆长江厅举行了"东湖茶叙"三周年庆祝会，又一次向世人推介了恩施玉露。

（五）湖北老字号

恩施玉露于2015年被湖北省商务厅认定为"湖北老字号"，同年国家商标局认定"恩施玉露ENSHIYULU及图"地理标志，证明商标为中国驰名商标。

（六）恩施市产业名片

21世纪初，恩施玉露被列为恩施市的"产业名片"，与"旅游名片大峡谷""文化名片女儿会"并驾齐驱，誉满九州，闻名于世。由于恩施玉露知名度、美誉度提高，喜饮人群急剧增长，促使其产区逐渐扩大，生产厂家相继增加，社会总产量随之连年上涨。

三、技艺传承与非遗文化

（一）产品特征简介

恩施玉露是中国历史上唯一一款保存下来的蒸青针形绿茶，其外形紧圆、挺直如松针，内质香气清高持久，滋味鲜爽回甘，汤色叶底嫩绿明亮。

（二）工艺发展历程

恩施玉露传统制作技艺或手工制作技艺，它是以蒸青灶和焙炉为工具，以高温蒸汽穿透叶组织、破坏酶活性的生化原理和茶叶滚转成条的规律为理论体系，运用蒸、扇、炒、揉、铲、整六大核心技术和搂、端、搓、扎四大手法，制作紧圆、挺直如松针绿茶的世传绝技。

恩施玉露在其发展过程中，工艺改造经历了以下四个阶段。

第一阶段：也可称为基础阶段，始创之初至1949年这几百年里，全过程都是运用传统制作技艺的手工操作从事生产。

第二阶段：1950—2005年，加工工艺在揉捻、炒头毛火、铲二毛火三个工艺过程采用单机作业，蒸青、整形上光和拣选等过程仍采用传统制作技艺的手工操作完成。

第三阶段：2006年，由恩施市润邦国际富硒茶业有限公司、恩施职业技术学院、湖北民族学院共同完成"恩施玉露新工艺新技术研究"课题，实现恩施玉露半机械化生产。

第四阶段：2009年，由恩施市润邦国际富硒茶业有限公司和华中农业大学联合攻关，实现了恩施玉露机械化、连续化生产。

（三）技艺传承变革

恩施玉露制作技艺始创于清朝康熙年间，经历了一个由家族世袭传承逐步过渡到异姓社会传承的漫长过程。

1. 家族世袭传承

据考证，恩施玉露传统制作技艺早在康熙十九年（1680年）由茶商蓝耀尚发明。始创之初，因其成品茶叶色绿、紧直如针、毫白如玉，被称为"玉绿"。

恩施玉绿的传统制作技艺，从蓝耀尚起在父子兄弟之间传承，历经了蓝耀尚、蓝洪志、蓝廷志、蓝朝琨、蓝朝桢、蓝靖廷、蓝盛瑶七代传承（图1-4）。从第八代起，恩施玉绿的制作技艺转为社会异姓传承，恩施玉绿更名为恩施玉露。

图1-4　黄连溪蓝氏家族古牌坊

2. 社会群体传承

蓝氏族大，人丁众多，加之分家立户，姻亲门广，从而导致玉绿制作技艺，由家族传承逐步走向异姓社会传播，至蓝耀尚的第五代（玄）孙蓝盛松，开启了以家族传承为主兼有社会传承的新局面。之后，通过"姻亲""行业""剽学"三种方式，逐渐转入异姓社会传承，其产区向蓝氏家族居住区周边扩展。清末民初，宣恩庆阳坝"玉绿"兴起，有王乃赓、杨润之等先后办厂生产。

1938年，杨润之率领技术工人杨义茂等人，将茶厂从宣恩庆阳坝迁徙到恩施城东郊五峰山，招募技工，扩大规模，制作玉绿。其茶色泽翠绿，毫白如玉，遂改"恩施玉绿"为"恩施玉露"。

现在，已形成以政府为主导的非遗文化传承。

截至2021年元月，民间层面的传承情况列谱系图如图1-5所示。

视频：恩施玉露发展历程

蓝耀尚

↓

蓝洪志

↓

蓝廷志

↓

蓝朝琨

↓

蓝朝桢

↓

蓝靖廷

↓

蓝盛瑶

↓

王乃赓　杨润之

伍凤鸣　肖执正　龙显禄

王忠德 李继禄　陈光兴　杨胜伟　焦大玉　李祖轩　雷远贵等20人

吕宗浩　刘云斌　彭青　柯清江　彭经寿　周鹏斧　吴建群　蹇再鹏　蒋子祥
邓顺权　张文旗　冷云凯　何洁　杜亚如　杜维等1 000多人

图1-5　传承情况列谱系图

（四）非遗进阶之路

非物质文化遗产是中华优秀传统文化的重要组成部分，是中华文明的绵延传承的生动见证，是连接民族情感、维系国家统一的重要基础。保护好、传承好、利用好非物质文化遗产，对于延续历史文脉、坚定文化自信、推动文明交流互鉴、加强民族文化传承具有重要的意义。

◆ 拓展知识 ◆

非物质文化遗产的定义和内容

1. 非物质文化遗产的定义

《中华人民共和国非物质文化遗产法》规定：非物质文化遗产是指各族人民世代相传并视为其文化遗产组成部分的各种传统文化表现形式，以及与传统文化表现形式相关的实物和场所。

2. 非物质文化遗产的内容

（1）传统口头文学及作为其载体的语言。

（2）传统美术、书法、音乐、舞蹈、戏剧、曲艺和杂技。

（3）传统技艺、医药和历法。

（4）传统礼仪、节庆等民俗。

（5）传统体育和游艺。

（6）其他非物质文化遗产。

恩施玉露传统制作技艺是中国传统制茶技艺，是国家级非物质文化遗产代表性项目。

2011 年 6 月被湖北省人民政府公布为第三批省级非物质文化遗产名录。

2014 年 11 月被国务院公布为第四批国家级非物质文化遗产代表性项目名录。

2022 年 11 月 29 日，由我国申报的"中国传统制茶技艺及其相关习俗"项目列入联合国教科文组织人类非物质文化遗产代表作名录，有 44 个涉茶国家级非遗代表性项目，其中包括恩施玉露制作技艺。

截至 2023 年 8 月，经文化和旅游部、湖北省文化和旅游厅、恩施州文化体育局、恩施市文化体育局审批的各级代表性传承人共 49 名。其中，国家级 1 人、省级 1 人、州级 11 人、县（市）级 36 人，具体名单见表 1-1。

视频：恩施玉露概况

表 1-1　各级主管部门审批的各级代表性传承人

级别	姓名
国家级	杨胜伟
省级	杨胜伟、张文旗
州级	杨胜伟、蒋子祥、陈昌文、刘正权、向书兰、徐凌、张文旗、雷远贵（已逝）、章开普、彭青、蹇再鹏、曹乐书、王雪云
市级	杨胜伟、蒋子祥、陈昌文、刘正权、向书兰、雷远贵（已逝）、徐凌、张文旗、章开普、彭青、曹乐书、蹇再鹏、王雪云、李宗梦、王友祥、谢昌琼、何洁、周江奔、谭书玲、游敏、李洪、张巍、张勇、张金卫、周鹏斧、王忠德、柯清江、袁红伍、于军、郑廷军、范锦武、吴建群、吴章鹏、赵志红、邓玲、刘港、刘小英、张孝发、蔡贻顺、张金柯、金岁宏、彭经寿、杜亚如、陈松林、韦进国、肖英高、冷云凯、宋麒麟、杨开

思考与练习 ●

作为当代大学生，你将如何传承中国传统文化，弘扬民族技艺？	
你的答案	

单元二　恩施玉露在茶叶分类中的地位

📍 单元导入 ●

　　历代劳动人民发挥无穷的智慧创制发明了各色各样的茶叶产品，有绿茶、黄茶、黑茶、白茶、红茶、青茶（又称乌龙茶）、花茶和蒸压茶，并且每类茶的制作方法在同一工序中又有不同的变化，制成的茶叶色、香、味、形也有差异，而分数种以至数十种。茶叶是怎样分类的？恩施玉露在绿茶分类中具有什么样的地位？让我们带着这些问题，开始本单元的学习。

📍 相关知识 ●

一、茶叶传统分类方法

　　我国茶类极其丰富，简单的分类反映不出茶叶加工及茶叶品质的系统性。根据茶叶的生产工艺、产品特性、茶树品种、鲜叶原料和生产地域等因素，可将茶叶分为基本茶类和再加工茶类。其中，基本茶类可分为绿茶、黄茶、黑茶、白茶、青茶和红茶六大类，本单元主要介绍基本茶类。

（一）绿茶

　　绿茶的品质特征为清汤绿叶，其基本制作方法为杀青、揉捻、干燥，关键工序为杀青。在杀青工序中，采用高温快速杀青，破坏酶的活力，制止多酚类化合物的酶性氧化，保持清汤绿叶的品质特点。根据杀青的方法不同主要可分为蒸青和炒青；根据干燥的方法不同又可分为炒青、烘青、晒青。绿茶的外形多种多样，形态各异，其分类见表1-2。

表1-2　绿茶分类

分类	干茶形状	代表茶类
炒青绿茶	圆形	珠茶、泉岗辉白
	扁条形	西湖龙井、敬亭绿雪
	针形	雨花茶、信阳毛尖
	弯圆条形	碧螺春、都匀毛尖

续表

分类	干茶形状	代表茶类
烘青绿茶	片形	六安瓜片
	尖形	太平猴魁、黄花云尖
	直圆条形	黄山毛峰、香芽
	细粒形	绿碎茶
蒸青绿茶	针形	恩施玉露
	圆形	日本玉露
	片形	日本碾茶
	条形	日本眉茶
晒青绿茶	粗条形	滇青、川青、陕青

（二）黄茶

黄茶的品质特征是黄汤黄叶，其基本制作方法为杀青、揉捻、闷黄、干燥，关键工序是闷黄。在闷黄工序中，促进多酚类化合物氧化，形成黄汤黄叶的独特品质。根据闷黄先后和时间长短不同，可分为湿坯闷黄和干坯闷黄两类。黄茶品质独特，具有特定的市场。黄茶分类见表1-3。

表1-3　黄茶分类

分类	干茶形状	代表茶类
湿坯闷黄	尖形	沩山毛尖
	扁条形	蒙顶黄芽
	条形	平阳黄汤、大叶青
	曲形	远安鹿苑、北港毛尖
干坯闷黄	钩形	黄大茶
	针形	君山银针
	雀舌形	霍山黄芽

（三）黑茶

黑茶的品质特征是干茶叶色油黑或褐绿，汤色深黄或褐黄，其基本制作方法为杀青、揉捻、渥堆、干燥，关键工序是渥堆。渥堆时间较长，多酚类化合物自动氧化，程度较黄茶更充分，经过微生物作用，从而形成毛茶色泽油黑或暗褐，茶汤褐黄或褐红的特征。黑茶加工可分为两种类型：一种是鲜叶经杀青、揉捻、渥堆和干燥初制后，再经筛分蒸压；另一种是以毛茶为原料进行干坯渥堆作色，再经筛分、蒸压。黑茶分类见表1-4。

表1-4 黑茶分类

分类	干茶形状	代表茶类
湿坯渥堆	篓包形	天尖、贡尖、生尖
	砖形	黑砖茶、花砖茶、茯砖茶
干坯渥堆	散茶	普洱散茶、老青茶
	篓包形	六堡茶、方包茶
	砖形	康砖茶、青砖茶
	饼形	七子饼茶
	圆团形	沱茶

（四）白茶

白茶的品质特征是白色茸毛多，汤色浅淡，其基本制作方法为萎凋和干燥两个工序，关键工序是萎凋。其制造特点是不经高温破坏酶的活性，也不创造条件促进多酚类化合物酶性氧化，而是任其自动缓慢氧化，形成茶芽满披白色茸毛、汤色浅淡的品质特征。根据萎凋的方式不同可分为全萎凋和半萎凋；根据鲜叶原料不同可分为芽茶与叶茶。白茶分类见表1-5。

表1-5 白茶分类

分类	干茶形状	代表茶类
全萎凋	芽形	政和白毫银针
	叶形	政和白牡丹
半萎凋	芽形	白琳银针、白云雪芽
	叶形	白牡丹、贡眉、寿眉

（五）青茶

青茶的品质特征是绿叶红镶边，汤色蜜黄、橙黄、橙红，青茶制作方法为萎凋、做青、炒青、揉捻、干燥，其关键工序为做青。其制造特征是先进行适当程度的多酚类化合物的氧化，再采用高温炒青制止多酚类化合物的酶性氧化，使茶叶形成兼具红茶、绿茶的品质特征。根据所产地域不同可分为闽北乌龙、闽南乌龙、广东乌龙和台湾乌龙。青茶分类见表1-6。

表1-6 青茶分类

分类	干茶形状	代表茶类
闽北乌龙	蜻蜓头	大红袍、铁罗汉
	粗条形	闽北乌龙、闽北水仙
	束形	崇安赤石龙须
闽南乌龙	方形	漳平水仙
	虫牛头形	铁观音、黄金桂、色种
广东乌龙	粗眉形	凤凰单枞、凤凰水仙
台湾乌龙	条形	台湾乌龙、台湾包种
	半球形	冻顶乌龙

（六）红茶

红茶品质特征是红汤红叶，红茶制作方法为萎凋、揉捻（揉切）、发酵、干燥，其关键工序为发酵。在一定的温度、湿度条件下，鲜叶内含物发生以多酚类物质酶促氧化为主体的、形成叶红变的过程。根据红茶制作方法、外形和内质不同可分为小种红茶、工夫红茶和红碎茶。红茶分类见表1-7。

表1-7 红茶分类

分类	干茶形状	代表茶类
小种红茶	条形	正山小种、外山小种
工夫红茶	条形	祁门工夫、白琳工夫、坦洋工夫、台湾工夫
	芽形	金毫、红眉、金骏眉
	片形	正花香、副花香
红碎茶	条形	白毫、橙黄白毫
	颗粒形	碎白毫、花碎橙黄白毫
	片末形	白毫花香、碎末

◆ **拓展知识** ◆

再加工茶

再加工茶是指以基本茶类——绿茶、红茶、乌龙茶、白茶、黄茶、黑茶的原料经过再加工而成的产品。它包括花茶、紧压茶、萃取茶、袋泡茶、粉茶和药用保健茶等。再加工茶的分类应以品质来确定：在毛茶加工过程中，品质变化不大的，应仍属该毛茶归属的分类；对于再制后品质变化较大，与原来的毛茶品质不同的，则应以形成的品质归属于相近的茶类。

茶类	分类	代表茶类
再加工茶类	花茶	茉莉花茶、珠兰花茶、玫瑰花茶
	紧压茶	黑砖、茯砖、方砖、饼茶
	萃取茶	速溶茶、浓缩茶
	果味茶	荔枝红茶、柠檬红茶、猕猴桃茶
	药用保健茶	减肥茶、杜仲茶、甜菊茶
	含茶饮料	茶可乐、茶汽水

《茶叶分类》
（GB/T 30766—2014）

📍 **思考与练习** ●

恩施玉露属于蒸青绿茶，以恩施玉露为茶坯窨制的花茶，属于哪一茶类？依据是什么
你的答案

二、恩施玉露在绿茶分类中的特殊地位

绿茶由于加工工艺与原料嫩度的差异，品质特征差异明显。根据杀青与干燥方式不同，绿茶可分为炒青绿茶、蒸青绿茶、烘青绿茶和晒青绿茶。恩施玉露沿袭中国古代蒸青工艺，属于蒸青绿茶。

1. 产制历史悠久

唐代茶圣陆羽所著的《茶经》中记载："晴，采之、蒸之、捣之、拍之、焙之、穿之、封之，茶之干矣。"其中明确指出，"蒸之"是制茶的第一道工序，是利用高温蒸汽来破坏鲜叶中酶活性。中国绿茶蒸青制法也是在唐代时期传播到日本等地区，相沿至今，而我国自明代出现锅炒杀青。恩施玉露沿袭唐代蒸青制法，始创于清朝康熙年间，是我国历史上唯一一款保留下来的蒸青针形的历史名茶。

2. 产地环境优越

恩施森林覆盖率高达 70%，境内山峦起伏，气候温和，雨量充沛，山间云雾缭绕，山下江河环抱，形成独特而优良的自然环境，十分适合茶树生长。2011 年 9 月 19—24 日，在恩施举行的第十四届国际人与动物微量元素大会（简称 TEMA14 大会）组委会授予恩施"世界硒都"之美誉。恩施玉露多产于硒都土壤富硒带，成品茶叶均不同程度地天然含硒，茶和硒两种健康资源有机结合，铸就了恩施玉露的优良品质。

3. 成茶品质独特

恩施玉露选用优质的鲜叶原料，独特的加工工艺，使其形成区别于其他类别绿茶的品质特征。其中，蒸汽杀青和整形上光是使恩施玉露光滑油润、挺直紧细、汤色清澈明亮、香高味醇的重要工序。恩施玉露外形条索紧细，均匀挺直似松针，经过冲泡，芽叶复展如生，初时悬浮杯中，继而沉降杯底，平伏完整，汤色嫩绿明亮，如玉似露，香气清爽，滋味醇和。

4. 非遗技艺的传承

我国其他绿茶均是在蒸青的基础上发展而来，在锅炒杀青替代唐朝蒸汽杀青和告别团（饼）茶生产后，恩施玉露仍然采用蒸汽杀青工艺，开启了运用传统制作技艺加工恩施玉露的先河，经过不断传承和发展，恩施玉露的品质特征一枝独秀。恩施玉露制作技艺被列入联合国教科文组织人类非物质文化遗产代表作名录，作为一种非物质文化形态，为全社会创造并将继续创造出无穷无尽的物质财富和精神财富。

◆ **拓展知识** ◆

恩施玉露天然含硒，1973 年联合国世界卫生组织宣布：硒是人体生命中必需的微量元素。有机硒具有抗辐射、延缓衰老、防克山病、肿瘤、大骨节病等多种药用功能；对心脑血管疾病、肝炎、肝硬化、高血压、糖尿病、白内障等具有防治作用，硒的缺乏可使人产生肝坏死、心肌变性、胰脏萎缩、水肿、贫血溶血等各种疾病，每天补充 200 μg 硒，在一定程度上可以降低低密度胆固醇、血脂含量，对皮肤癌、胃癌、口腔癌、肺癌有较好的防治效果。

恩施玉露含硒量适中，根据茶叶研究所分析，干茶含硒 3.47 mg/kg，茶汤含硒 0.01 ～ 0.52 mg/kg，符合富硒茶 0.3 ～ 5.0 ppm 的人类消费要求。

测一测

参考答案

一、单选题

1. 恩施玉露及其制作技艺于（　　　）始创。

 A. 中国汉魏时期   B. 中国唐代

 C. 中国清朝康熙年间   D. 中国清朝乾隆年间

2. 恩施玉露发源地是（　　　）。

 A. 恩施城东五峰山   B. 恩施朱砂溪

 C. 恩施高桥坝   D. 恩施芭蕉黄连溪

3. 恩施玉露制作技艺不属于异姓传承方式的是（　　　）。

 A. 蓝氏家族第一代至第七代传承 B. 姻亲传承

 C. 邻里剽学   D. 行业传承

4. 我国基本茶类可分为绿茶、红茶、乌龙茶、白茶、（　　　）和黑茶六类。

 A. 花茶   B. 黄茶   C. 青茶   D. 春茶

5. 绿茶的基本制法分为（　　　）道工序。

 A. 2   B. 3   C. 4   D. 5

6. 红茶亦称（　　　）。

 A. 不发酵茶 B. 半发酵茶 C. 完全发酵茶 D. 微发酵茶

7. 下列（　　　）不属于绿茶。

 A. 西湖龙井 B. 恩施玉露 C. 眉茶   D. 红茶

8. 普洱茶制作的步骤依次是（　　　）。

　　A. 杀青、晒干、揉捻　　　　　　　B. 揉捻、杀青、晒干

　　C. 晒干、揉捻、晒青　　　　　　　D. 杀青、揉捻、晒干

二、判断题

1. 恩施玉露属于微发酵茶类。　　　　　　　　　　　　　　　　（　　　）

2. 恩施玉露是中国清代历史名茶，也是湖北第一历史名茶。　　（　　　）

3. 恩施玉露于 2007 年由原中国国家质量监督检验检疫总局批准：实施地理标志产品保护。　　　　　　　　　　　　　　　　　　　　　　　　　　　（　　　）

4. 恩施城东五峰山一带，在 20 世纪 50 年代至 80 年代是恩施玉露的主产地。（　　　）

5. 恩施玉露属于绿茶类，故而制造过程有杀青、揉捻和干燥三道工序。　（　　　）

6. 恩施玉露始创之初称为"恩施玉绿"，1938 年由杨润之改名"恩施玉露"。（　　　）

7. 2018 年 4 月 28 日，中国国家主席习近平在湖北武汉与印度总理莫迪举行非正式会晤，东湖茶叙中以恩施玉露为国礼茶，招待了莫迪。　　　　　　（　　　）

8. 恩施玉露属于炒热杀青绿茶。　　　　　　　　　　　　　　（　　　）

9. 整形上光和蒸汽杀青是恩施玉露传统制作的标志性工艺。　（　　　）

10. 恩施玉露制作技艺及其物质产品恩施玉露，互为因果。它们在同一条件、同一时段内，相伴产生，在其发展的历史长河中相伴传承。　　　　　　（　　　）

11. 恩施玉露及其制作技艺自始创之时起至今为止，已有 340 多年了，其技艺经过了蓝氏家族第一代至第七代嫡传和自第八代至第十二代异姓传承。　　（　　　）

12. 恩施玉露区别于其他绿茶的关键工序是蒸汽杀青。　　　　（　　　）

13. 晒青不是形成乌龙茶品质特征的关键工序。　　　　　　　（　　　）

14. 将茶叶分为绿茶、红茶、乌龙茶等六大类，是按茶树品种进行分类的。（　　　）

15. 铁观音属于黑茶。　　　　　　　　　　　　　　　　　　　（　　　）

16. 白茶的制作不需要经过杀青和揉捻。　　　　　　　　　　（　　　）

模块二 恩施玉露产地环境与鲜叶要求

模块介绍 ●

（1）"高山云雾出好茶"，道出了好茶与地理环境的关系，恩施得天独厚的自然环境造就了恩施玉露的独特品质。

（2）"巧妇难为无米之炊"，鲜叶质量是形成恩施玉露独特品质的重要条件，在特定加工工艺和优质鲜叶原料作为基础的前提下，才有可能制出与某一茶类相应品质特色的茶叶。

（3）本模块主要介绍恩施玉露的产地环境、茶树品种、采摘标准及鲜叶的贮运保鲜方式对形成恩施玉露独特品质的影响。

学习目标 ●

知识目标：

（1）了解恩施玉露的产地环境；

（2）熟悉恩施玉露的适制茶树品种；

（3）掌握恩施玉露的鲜叶采摘标准、采摘方法及贮运要求。

能力目标：

（1）能介绍恩施玉露生态环境特点；

（2）能利用鲜叶的适制性原则，选择制作恩施玉露所需的鲜叶原料；

（3）能对鲜叶采取合理的贮运保鲜措施。

素养目标：

（1）树立"绿水青山就是金山银山"的科学发展理念，培养环保意识，树立正确的人生观和价值观；

（2）了解每个茶树品种的鲜叶都有其独特的品质特征，需要经过无数次试验才能制作出最适合其品质特征的茶类，培养勇于探索、实事求是的创新精神。

单元一　恩施玉露产地环境

📍**单元导入** ●

　　恩施玉露为中国历史上唯一保留下来的蒸青针形绿茶，条索匀整，汤色嫩绿，滋味鲜爽，其独特的品质特征形成离不开优质的鲜叶原料，生态环境对茶树的生长发育具有重要影响。恩施玉露的主要产地范围有哪些？该产地区域有怎样的环境特点？让我们带着这些问题，开始本单元的学习。

📍**相关知识** ●

一、地理环境

　　恩施土家族苗族自治州，区位优势显著，地理环境好。八百里清江，从利川市都亭镇东腾龙洞若卧龙吞江，伏流百川，流至恩施市屯堡车坝悬崖绝壁喷涌而出，穿越恩施全境，奔腾东下。恩施，灵山秀水，号曰仙居。

（一）区位特点

　　恩施土家族苗族自治州位于湖北省西南部，地处湘、鄂、渝三省（市）交汇处，西连重庆市黔江区，北邻重庆市万州区，南面与湖南湘西土家族苗族自治州接壤，东北端连神农架林区，东面与宜昌市为邻。据考察，截至2020年年初，恩施玉露主要产地处在北纬29°50′30″～30°39′30″、东经109°04′48″～109°58′42″范围内，土壤肥沃，植被丰富，四季分明，冬无严寒，夏无酷暑，昼夜温差大，雨量充沛，白昼漫射光和蓝紫光多。

　　这片沃土，不但是适宜人们居住的地方，而且特别有利于茶树氮素代谢，所产芽叶的叶绿素、蛋白质和氨基酸含量均较高，宜制香高味醇的优质绿茶。核心区域面积为380 km²，最近处距离恩施市市区6 km，最远处距离恩施市市区30 km，区域内茶叶种植总面积突破200 km²。芭蕉侗族乡荣获湖北省农业厅授予的"湖北省茶叶十大名乡名镇"和"湖北省无性系良种茶叶第一乡"称号。恩施玉露传统制作技艺现已传播到恩施市下辖的屯堡乡、盛家坝乡、白杨坪镇、沙地乡、红土乡、三岔乡、龙凤镇、沐抚办事处等区域。截至2013年12月底，恩施玉露传统制作技艺已覆盖3 972 km²，拥有茶园总面积202 km²，投产面积150 km²。其中，无性系良种茶园面积171.27 km²，占茶园总面积的84.8%。

（二）环境特点

恩施市位于湖北省西南部，地处武陵山区腹地，恩施玉露产区内地形、地势、地貌多样，结构复杂。境内山峦起伏，重峦叠嶂，形成了高山、二高山和低山的组合，凸显了典型的立体气候特点，丘陵山地坡圆谷平，是农、林、茶、烟和药等多种作物的适生地，其土壤条件、降水量、光照和空气质量等均符合茶树生长的要求，茶树生长期和生产期较长，茶叶产量各茶季分配也较为均衡，茶类多且质量好，"高山云雾茶"的香气和滋味俱佳，其产地终年云雾缭绕，是出产名优茶之地，被农业部和湖北省政府确定为优势茶叶区域。

自古名山名水名胜之地出名茶。恩施玉露历史上的主产地五峰山，清江崛起，形如贯珠，巍峨奇特；芭蕉侗族乡枫香坡侗寨，地域开阔，河道蜿蜒，奇峰突兀；恩施大峡谷，自然风貌神奇瑰丽，峡谷深涧，洞府幽幽、流水潺潺；这些产区，人杰地灵，区位优势显著，生态环境得天独厚，风景优美迷人。

二、生态环境

恩施玉露产区地处北纬30°附近，气候宜人，沃野数百里，土层深厚，土质良好，土性微酸，适宜种茶。

（一）气候宜茶

自古高山云雾出好茶，历代贡茶、传统名茶多产自高山，表明茶树的生长环境对茶叶品质形成的重要性。恩施玉露主产区远离城镇和工矿区，空气清新，林茶、果茶间生。茶园集中，海拔在 400～1 200 m，全年日照在 1 200 h 以上，总辐射量在418.68 kJ/cm² 以下，≥ 10 ℃的积温不低于 5 000 ℃，年平均温度高于 16 ℃，1月平均温度在 5 ℃以上，7月平均温度略高于 27 ℃，无霜期 282 d 左右，风力约为 0.4 m/s。年降雨量在 1 400 mm 左右，年平均相对湿度为82%。总的气候特点是雨热同季，冬少严寒，夏无酷热，温暖湿润，云雾缭绕，多漫射光，这种气候条件有利于茶树的光合作用，促使茶树健旺生长。由于这里云雾多，光照强度适中，光质良好，特别是蓝紫光较多，茶树氮素代谢旺盛，有利于氨基酸、蛋白质、叶绿素等含氮化合物的合成，为恩施玉露独特的品质形成奠定了物质基础。

◈ **拓展知识** ◈

"高山云雾出好茶"

"高山云雾出好茶"——一般来说，高山是指一定区域范围内海拔相对较高的山。高山地区云雾多，漫射光丰富，蓝光、紫光比重增加，有利于芳香物质的形成。

　　高山地区海拔较高，气温较低，而相对低温导致茶叶生长缓慢，有利于维持茶树新梢组织中高浓度的可溶性含氮化合物，适合氨基酸和香气物质等的形成；且昼夜温差大，有利于光合产物积累，使蛋白质、氨基酸和维生素的含量增加。

　　茶树在这样的生长条件下，生长旺盛，芽叶肥壮，持嫩度好，滋味鲜爽，从而给制造优质绿茶营造了良好的物质基础。

（二）土壤宜茶

　　陆羽《茶经》记载："其地，上者生烂石，中者生砾壤，下者生黄土。"恩施玉露产区内土壤质地，多为夹杂风化石块的砂质壤土和黄棕壤土，土层深厚肥沃，有机质含量丰富，pH 值为 4.6～6.0，有机质含量为 1.34%，含氮 0.08%，碱解氮 91 mg/kg，速效磷 4.2 mg/kg，速效钾 174 mg/kg，含硒量为 11.31 mg/kg。这种土壤条件通透性、保水性和保肥性强，不但有利于茶树旺盛生长，也能为茶树提供全面而充足的营养元素。

　　就全国而言，北纬 30° 沿线，东从浙江省宁波市的普陀山起，经过杭州市、湖南省岳阳市、湖北省恩施土家族苗族自治州，西达四川省蒙顶山，均是出产名茶的地方，如杭州西湖龙井，岳阳北港毛尖、君山银针，湖北省恩施土家族苗族自治州恩施玉露，四川省雅安市的蒙顶黄芽等都是中国历史名茶。恩施玉露原产地是"世界硒都"——恩施，其主产区均处于富硒带，所产茶叶富硒或含硒。根据农业农村部茶叶质量检验检疫中心测定资料：宣恩县长潭河侗族乡七姊妹山茶厂所生产的茶叶含硒量为 0.05 mg/kg，原恩施市白杨坪乡民政壶宝茶厂所生产的茶叶含硒量为 0.032 mg/kg，恩施市沐抚（大峡谷）办事处所辖区域所产的茶叶含硒量高达 3.80 mg/kg，沙地茶叶含硒量高达 4.61 mg/kg。

　　近年来，恩施玉露茶产业协会的所属企业，大多采用"企业＋专业合作社＋基地"的模式，实施无公害栽培、规范建厂、清洁化加工，成品茶叶质量全面提升。

📍 **思考与练习** ●

根据恩施玉露的产地环境特点，从温度、光照、土壤酸碱度及降雨量等方面总结出茶树"四喜四怕"的生长特性	
你的答案	

单元二　恩施玉露适制品种与鲜叶要求

单元导入

恩施玉露的采制必须按照所要生产的级别品质要求，有针对性地做好适制茶树品种鲜叶原料的选择，严格坚持鲜叶采摘标准，切实做好鲜叶运输、贮藏过程中的保洁和保鲜工作。鲜叶的质量是形成茶叶品质的内在根据，优质的鲜叶才能制出优良的茶叶。适制恩施玉露的茶树品种有哪些？茶树鲜叶的采摘方法及标准是什么？在鲜叶的贮运过程中，需要注意哪些问题？让我们带着这些问题，开始本单元的学习。

相关知识

鲜叶作为加工茶叶的基本原料，在制茶过程中，其内含化学成分发生一系列的化学变化时，物理特性也发生了明显的变化，从而形成了特定品质风格的茶叶。

一、适制茶树品种

恩施玉露茶因其独特的蒸青加工工艺和品质特性，对适制的茶树品种、鲜叶品质也有独特要求。总结多年的生产经验，恩施玉露宜选择节间较短、芽长于叶、叶形狭长、梗叶夹角小，叶色深绿、叶质柔软、叶绿素和蛋白质及氨基酸含量高、茶多酚含量低的茶树品种的鲜叶作为原料。

（一）恩施苔子茶

恩施玉露的主产区主要是以地方群体品种恩施苔子茶的鲜叶为原料。庄晚芳先生早在1954年编著、1956年正式出版的全国中等农业学校茶叶专业通用教材《茶作学》一书中，就列出了湖北省"恩施苔子茶"。

从恩施苔子茶中选择出优良单株，采用扦插繁殖方法，培育出了地方品种恩苔早。该品种的叶色深绿，芽头粗长，叶形狭窄，质地柔软，节间较短，适宜制作恩施玉露（图2-1）。几种主要生化成分含量适中，配比适当，据华中农业大学倪德江教授测定：氨基酸含量为2.58%，茶多酚含量为28.60%，可溶性糖含量为3.45%，叶绿素含量为0.267%。各茶叶企业的生产经验证明，采用恩施苔子茶的芽叶作为原料生产出的恩施玉露，色香味形俱佳，耐泡性较好。

（二）鄂茶 14 号

鄂茶 14 号又被称为玉露 1 号，是恩施自治州近年来新培育出的优良品种，适制恩施玉露。该品种属灌木型，中叶类，早生种，树姿半开张，分枝适中。成叶绿色，椭圆形，叶面平，叶质较软，叶身稍内折，叶缘微波，叶脉 7～9 对，锯齿较稀，叶尖钝尖。芽叶淡绿色，茸毛数量中等，节间较短，一芽一叶百芽重 16 g，育芽能力、持嫩性较强（图 2-2）。一般 3 月上旬可采一芽一叶，抗寒性强，产量高。水浸出物含量为51.1%，茶多酚含量为 22.8%，咖啡碱含量为 4.4%，氨基酸含量为 2.7%。

图 2-1　恩施苔子茶　　　　　　　　　　　　图 2-2　鄂茶 14 号

（三）鄂茶 10 号

鄂茶 10 号是省级良种，属半乔木型，中叶类。树枝紧凑直立，分枝角度小，叶片斜立着生，长椭圆形、绿色，叶面稍隆起，叶身平整、叶缘平，叶尖骤尖，芽叶嫩绿、茸毛数量中等（图 2-3）。百芽重 117.5 g，一般 4 月上旬开园，比福鼎大白茶晚 7 天左右采摘，适制红绿茶，制芽茶品质优异，氨基酸含量为 3.4%，茶多酚含量为 32.0%，咖啡碱含量为 5.1%，水浸出物含量为 47.0%，制成恩施玉露，外形修长、挺秀，香味略带有花香。

（四）鄂茶 1 号

鄂茶 1 号属灌木型，中芽种，中叶类。树姿半开张，分枝性强，生长势较旺。叶长椭圆形，叶色深绿，有光泽，叶身微内折，叶尖渐尖，叶质柔软。芽叶黄绿色，茸毛中等，节间较长，一芽三叶百芽重 91.5 g（图 2-4）。芽叶生育力和持嫩性强，春茶萌发期在 3 月中下旬，一芽三叶盛期在 4 月中旬，产量高。春茶一芽二叶干样氨基酸含量为3.0%，茶多酚含量为 29.8%，儿茶素总量为 18.8%，咖啡碱含量为 3.4%。用它制成绿茶，色泽苍绿稍翠，香气似栗香，滋味鲜醇，也可用于制作恩施玉露。

图 2-3　鄂茶 10 号　　　　　　　　　　　图 2-4　鄂茶 1 号

（五）龙井 43 号

龙井 43 号叶片呈上斜状着生，芽头短壮，茸毛少，叶片狭长，叶形椭圆，叶尖渐尖，叶面平，叶张较厚，叶质较柔软，易于造型；叶色绿，富有光泽，成茶的外形、茶汤和叶底的颜色均绿（图 2-5）；春茶一芽二叶干样约含氨基酸 3.58%，茶多酚 25.55%，可溶性糖 2.60%，叶绿素 0.207%，用它制成的恩施玉露，香鲜味爽。

（六）浙农 117

浙农 117 叶片狭长，芽头壮，茸毛少，叶色翠绿，有利于塑造形美色绿恩施玉露的条索，汤色叶底嫩绿明亮（图 2-6）；春茶一芽二叶干样约含氨基酸 2.92%，茶多酚 30.92%，可溶性糖 2.99%，叶绿素 0.315%，用它制成的恩施玉露，条索修长，色泽油润、光亮，香鲜味爽。

图 2-5　龙井 43 号　　　　　　　　　　　图 2-6　浙农 117

近年来，对于恩施土家族苗族自治州主要种植的多个茶树品种，通过对比试验，得出了一个综合评价：以鄂茶 14 号的适制性最好，香气、滋味最优；恩施苔子茶因是群体种，匀整度稍有欠缺；恩苔早（无性系）香气、滋味略次于龙井43号；鄂茶1号干茶色泽墨绿，外形得分较高，汤色、香气、滋味高于龙井43号；鄂茶10号香气滋味得分优于龙井43号，外形略次于龙井43号；龙井43号干茶色泽翠绿，外形和叶底匀整度略次于浙农117；浙农117性状较好，但香气、滋味又不及龙井43号，且成品茶在相同的贮藏条件下存放，香气、滋味较易发生变化。在现阶段为适应各类消费人群需要，宜采用鄂茶14号、恩苔早、恩施苔子茶、鄂茶1号、鄂茶10号、龙井43号、浙农117等茶树的鲜叶作为原料制造恩施玉露。各品种茶树的鲜叶适制性评价见表2-1。

表 2-1　各品种茶树的鲜叶适制性评价

品种	做形	色泽	叶底	汤色	香气	滋味
鄂茶 14 号	极易做形	绿润	绿亮匀整	嫩绿明亮	清香持久	鲜爽甘醇
恩苔早	易做形	绿润	绿亮匀整	嫩绿明亮	清香持久	鲜爽
恩施苔子茶	易做形	绿润	尚匀整	嫩绿明亮	清香持久	鲜爽
鄂茶 10 号	易做形	尚绿	尚匀整	嫩绿黄亮	清香带花香	鲜爽
鄂茶 1 号	易做形	墨绿	尚匀整	嫩绿明亮	纯正	醇和
龙井 43 号	易做形	翠绿	绿亮欠匀整	黄绿明亮	馥郁	鲜爽
浙农 117	较易做形	墨绿	欠匀整	嫩绿明亮	鲜爽	鲜浓

◆ **拓展知识** ◆

茶树鲜叶的适制性

茶树鲜叶的适制性是指具有某种理化性状的鲜叶适合制造某种茶类的特性，鲜叶是从茶树上及时采摘下来的幼嫩芽叶（又称新梢），作为加工各种茶叶的原料，也称茶青、茶料、青叶、生叶等。

茶树鲜叶的适制性受鲜叶的叶色、地理条件、季节、鲜叶叶态、鲜叶形状等物理形状及化学成分多种因素的影响。

根据鲜叶适制性制造某种茶类，应有目的地去选取鲜叶，这样才能充分发挥鲜叶的经济价值，制出品质优良的茶叶。

思考与练习

福鼎大毫，属小乔木型，大叶类。早生种，发芽尚密，芽梢粗壮，色淡绿，白毫多而长，作为一名制茶人员，你觉得福鼎大毫适合加工制作恩施玉露吗

你的答案	

二、鲜叶采摘标准和采摘方法

我国茶类丰富，采摘标准各异，尤其是影响茶叶经济价值的因素是多方面的，除加工条件外，主要取决于芽叶的嫩度与质量，而这两个因素与采摘标准密切相关。掌握好采摘标准，在于因时、因地制宜地权衡两者的利弊关系，使茶叶经济价值发挥到最大。

（一）采摘标准

从广义角度理解，采摘标准包括从茶树新梢上采摘下来的芽叶标准和树上留叶标准两个方面；从狭义角度看，采摘标准一般专指采摘下来的芽叶标准。茶叶采摘标准通常是根据某一茶类成品茶叶品质特点与对新梢嫩度要求来确定的。归纳起来，大致可分为以下4种情况。

（1）细嫩采。如高级西湖龙井、洞庭碧螺春、君山银针、黄山毛峰、金骏眉等名茶，对鲜叶的嫩度要求很高，一般是采摘茶芽和一芽一叶及一芽二叶初展的新梢。这种采摘标准，花工大，产量低，季节性强，大多在春茶前期采摘（图2-7）。

（2）适中采。我国目前内销和外销的大宗红茶、绿茶，如眉茶、珠茶、工夫红茶、红碎茶等，它们要求鲜叶嫩度适中，一般以采摘一芽二叶为主，兼采摘一芽三叶和幼嫩的对夹一二叶。这种采摘标准，茶叶产量比较高，品质也好，经济收益也较高，是目前较普遍的一种采摘标准。

（3）成熟采。销到边疆地区的边茶，为适应消费者的特殊需要，茯砖茶原料的采摘标准需等到新梢基本成熟时，采摘一芽四五叶和对夹三四叶。南路边茶为了适应藏民熬煮掺和酥油麦粉的特殊饮食习惯，要求滋味醇和，回味甜润，所以，采摘标准为需待新梢成熟，且枝条基本已木质化时，才刈下新枝基部一、二片成叶及以上的全部新梢。

（4）开面采。我国当前有些传统的特种茶，如乌龙茶，它要求有独特的香气和滋味，采摘标准是新梢长到 3 ～ 5 叶快要成熟，而顶叶六七成开面时，采下 2 ～ 4 叶叶梢比较适宜，这种采摘标准俗称"开面采"。实践表明，如鲜叶采摘太嫩，做成干茶色泽红褐灰暗，香气低，滋味涩；如采摘太老，外形显得粗大，色泽干枯，且滋味淡薄。根据化学成分分析，采二三叶中开面梢最适宜制造乌龙茶。但在这种采摘标准下，全年采摘的批次不多，产量不高。

图 2-7　鲜叶采摘

恩施玉露采摘标准属于细嫩采，要求采摘单个芽头、一芽一叶初展、一芽一叶、一芽二叶初展；对于成品茶设有三级茶的厂家，则可采摘一芽二叶为原料。同时，要求采摘下来的鲜叶匀度、净度、新鲜度均要很高。现参照《恩施玉露生产与加工技术流程》（DB42/T 610—2023）标准，特对恩施玉露各级鲜叶的具体质量要求规定见表 2-2。

表 2-2　鲜叶质量要求

级别	质　量（翠玉型）	质　量（白玉型）
特级	一芽一叶≥95%，一芽二叶初展叶＜5%	单芽≥95%，一芽一叶初展叶＜5%
一级	一芽一叶≥85%，一芽二叶初展叶＜15%	单芽≥60%，一芽一叶初展叶＜40%
二级	一芽一叶≥50%，一芽二叶初展叶＜50%	一芽一叶≥85%，一芽二叶初展叶＜15%
三级	一芽二叶≥85%，一芽三叶＜15%	一芽一叶≥50%，一芽二叶初展叶＜50%
四级	一芽二叶≥15%，一芽三叶＜85%	一芽二叶≥85%，一芽三叶＜15%

（二）鲜叶采摘方法

鲜叶的合理采摘主要是通过人工手采实现的。而人工手采手法的好坏将直接影响茶叶的品质，也影响到茶叶的产量。采摘手法根据手掌的朝向不同，以及指头采摘新梢着力的不同，有以下几种不同的采法。

《恩施玉露生产与加工技术规程》（DB42/T 610—2023）

1. 掐采

掐采主要用于名贵细嫩茶的采摘。具体手法：左手按住新梢，用右手的食指和拇指的指尖将新发的芽和细嫩的一至二叶轻轻地用手掐下来。这种采法鲜叶质量好，但工效低。

2. 提手采

提手采主要用于大宗红茶、绿茶的采摘。这种采法因手掌的朝向和食指的着力不同可分为横采和直采。横采：与直采基本相似，只是掌心向下，用拇指向内或左右用力采下新梢，这种采法的鲜叶质量好，工效也较高。直采：用拇指和食指挟住新梢拟采摘部位，要求掌心向上，食指向上稍着力采下。

3. 双手采

双手采是左右手同时放在采面上，同时用横采或直采手法将符合标准的新梢采下。这种采法工效高，质量好，是生产上应大力提倡的一种采摘方法。

恩施玉露的采摘方法十分讲究，它要求在采摘过程中，严格强调做到"六要六忌"。

（1）在采摘芽叶时，要采用掐采或提手采折断茶梗，切忌用指甲掐切。同时，要求采摘下来的茶叶放入茶篓中，千万不能紧握而致使芽叶受伤。实践证明，凡用指甲掐切的芽叶，在掐切时大概因为手指有捻压嫩茎的力量，会使细胞损伤；同时，在指甲掐切时，指甲及其所带不洁物污染切口，造成茶多酚氧化缩合加剧，色泽变红，以致呈褐黑色。

（2）采下的芽叶要匀净，切忌混杂。对恩施玉露而言，应按拟制茶类对鲜叶原料的标准要求，主体芽叶要达到 90%～95%，不含鳞片、鱼叶、单张、碎片、茶花、茶果、老枝、老叶和非茶类夹杂物。

（3）采入手中的茶叶要轻握，切忌紧捏，以免将芽叶叶片挤破，嫩茎折断，造成伤口变红、显黑或发热。

（4）采下的芽叶要完整，切忌重压、搓揉等，避免叶梗分离、叶片破裂而形成单张、碎片。在采摘时，也要注意手势轻、准、稳、快，决不胡抓乱摘和捋采。

（5）采下的芽叶要保持新鲜，切忌日晒萎蔫、遭受雨淋、堆渥发热、产生红变。因此，应当随采随送，及时加工，即使来不及随采随送，也应薄摊在阴凉干燥处，绝对不能遭受日晒雨淋。

（6）运送鲜叶的工具要壁硬、洁净、透气，切忌使用质软、污染、异味的器具；同时，装运中也不能紧压、渥堆。

三、鲜叶验收与贮运

鲜叶质量直接影响成茶品质，做好鲜叶采回后的验收分级、运输途中和进厂后的保鲜工作，是一项重要的工作。同时，要求采摘后及时运送进茶厂付制。

（一）鲜叶的验收

生产过程中因品种、气候、地势及采工采法的不同，所采下的芽叶大小和嫩度是有差异的，如不进行适当分级、验收，就会影响茶叶品质。因此，对于采下的芽叶，在进厂付制前，进行分级验收极为重要。各茶厂都设有专人进行鲜叶验收。验收时，根据鲜叶老嫩度、匀度、净度、新鲜度四个因素，对照鲜叶分级标准，评定等级，并称重、登记。对不符合采摘要求的，要及时向采茶工提出指导性意见，以提高采摘质量。

妥善管理刚采摘下树的鲜叶是为茶厂提供优质原料的基础性工作，必须认真做好。一般要求做到以下三点：

（1）当鲜叶采摘满一筐或一篓后，要及时倒出，千万不能紧压闷渥。

（2）鲜叶只能摊放，不能堆积，摊放地点必须清洁、干燥、阴凉、通风，千万不能被阳光照晒和遭到雨水淋湿。

（3）鲜叶必须按品种、级别、采摘时间不同，分别摊放。

◆ **拓展知识** ◆

鲜叶质量

鲜叶质量主要包括鲜叶嫩度、匀度、净度和新鲜度四个方面。嫩度和匀度是鲜叶质量的主要指标；净度和新鲜度主要是针对鲜叶采收、运输与管理过程的质量指标。

（1）嫩度是指芽叶伸育的成熟度，是评定鲜叶质量的主要依据，是衡量茶叶品质的重要因素，是评定茶叶等级的主要指标。

（2）匀度是指同一批鲜叶质量的一致性，是反映鲜叶质量的一个重要标志。

（3）净度是指鲜叶中夹杂物多少的感官指标，夹杂物少即净度好。

（4）新鲜度是指鲜叶保持原有理化性质的程度，判断鲜叶是否新鲜，主要看鲜叶色度、气味和叶温变化。

（二）鲜叶的贮运与保鲜

鲜叶在装篓和运送过程中，必须做到以下几点：

（1）根据鲜叶老嫩不同、品种不同及表面水多少不同，分别装篓。

（2）装篓时不能压紧，防止机械损伤和烈日暴晒。

（3）鲜叶不宜久堆，否则篓内叶子易发热，引起红变，装好篓应立即运送进厂。

（4）装鲜叶的容器以清洁、无异味、壁硬、有透气孔的篓筐为佳（图2-8），其大小一般以每篓装叶不超过20 kg为宜，每次装运后，器具必须清理干净，不能留有过夜叶。现在，一些茶农和鲜叶商贩为简单方便，习惯使用布袋甚至使用塑料袋装运鲜叶，而且在装袋子时压得很紧，这样往往造成鲜叶发热红变（俗称"烧包"）。

图2-8　古代鲜叶装运篾篓

鲜叶贮放的环境条件以温度为15 ℃左右，相对湿度为90%左右，且阴凉、清洁、空气流通的场所为好。一般要求春茶摊放鲜叶保持在25 ℃以内，夏、秋茶鲜叶不超过30 ℃。鲜叶贮放的厚度，春茶以15 ～ 20 cm为宜，夏茶、秋茶以10 ～ 15 cm为宜，具体可根据气温高低、鲜叶老嫩和干湿程度而定。气温高时需要薄摊，气温低时可略厚；嫩叶摊放宜薄，老叶摊放宜厚；雨天叶摊放宜薄，晴天叶摊放可略厚。

思考与练习 ●

某茶厂鲜叶收购处，发现一位茶农采摘的鲜叶发生了红变，分析可能导致鲜叶红变的原因
你的答案

实习实训 ●

实训一　茶树鲜叶机械组成分析试验

一、实训目的

茶树鲜叶是由不同嫩度的芽叶组成的，它们内含的化学成分是不同的，制成的茶叶品质也有很大差异，通常用鲜叶的机械组成来衡量鲜叶品质优次，不同的茶类对鲜叶原料要求不同，其机械组成不同。

茶树鲜叶机械组成是原料分级的标准，是原料加工时制定技术方案的参数，掌握鲜叶组成分析方法，正确评定鲜叶等级，为制定合理的制茶工艺提供依据。

二、教学建议

（1）实训时间：4学时。

（2）需要的设施设备及材料。

1）实训地点：茶叶制作实训车间。

2）材料：采用不同采摘标准的鲜叶；取不同等级的鲜叶。

3）设备：天平（感量0.1 g）、镊子、台称，篾盘、竹篮、竹篓等。

（3）教学方法：采用理论讲解、学生分组实操及实习作业法等。

三、实训内容

鲜叶机械组成分析方法有两种表示方法，即芽叶质量组成分析和芽叶个数组成分析。前者是指100 g鲜叶中不同标准的芽叶所占的重量百分比；后者则是指不同标准芽叶数占芽叶总个数的百分比。

（1）取样品0.5 kg，倒入篾盘中，均匀铺成薄层，按对角线取样法重复取样，使数量逐步减少；

（2）称取100 g鲜叶（精确度0.01 g），按一芽一叶、一芽二叶、一芽三叶……对夹一叶、对夹二叶、对夹三叶……单片嫩叶、单片老叶、茶梗、茶籽、非茶类等拣出后，分别放置并称重、计数，计算各类芽叶所占的百分比，重复2次。此法为质量组成分析；

（3）操作方法同第一步，只是数出100 g鲜叶的芽叶总个数，将各类芽叶个数记录，并计算各类芽叶所占的数目百分比，此法为个数组成分析。

四、结果计算

1.试验记录

将试验结果记入表2-3中。

表2-3　鲜叶机械组成分析表

类别	正常芽叶			对夹叶			单片		其他			总量
	一芽一叶	一芽二叶	一芽三叶	对夹一叶	对夹二叶	对夹三叶	单片嫩叶	单片老叶	茶梗	茶籽	非茶类	
质量/g												
%												
数量/个												
%												

2.结果计算

$$鲜叶各部分组成质量（\%）=\frac{各部分鲜叶的质量}{分析样的总质量}\times 100$$

$$鲜叶各部分组成的个数（\%）=\frac{不同标准芽叶的数量}{分析样的总数量}\times 100$$

五、作业

填写实习报告单。

测一测

参考答案

一、单选题

1. 恩施玉露各级鲜叶的具体质量要求规定不正确的是（　　　）。

　A. 特级是单芽或一芽一叶初展超过 95%，原料新鲜、匀齐，无红变芽叶、紫色芽叶、病虫芽叶、雨水芽叶

　B. 一级是一芽一叶超过 95%，原料新鲜、匀齐，无红变芽叶、紫色芽叶、病虫芽叶、雨水芽叶

　C. 二级是一芽二叶 95% 以上，原料新鲜、匀整，无发热和红变芽叶、紫色芽叶、病虫芽叶、雨水芽叶

　D. 三级是一芽三叶 95% 以上，原料新鲜、匀整，无发热和红变芽叶、紫色芽叶、病虫芽叶、雨水芽叶

2. 关于采摘标准的说法，下面不正确的是（　　　）。

　A. 细嫩采摘对象一般是芽头或一芽一、二叶初展

　B. 适中采一般以采一芽二叶为主，兼采一芽三叶和幼嫩的对夹叶

　C. 要做名优绿茶一般应采用细嫩采

　D. 特种采一般是等到新梢长到顶芽停止生长，下部基本成熟时，采去一芽四、五叶和对夹三、四叶

3. 如果要制作高档次绿茶，不应该采摘的部位是（　　　）。

　A. 芽头　　　　　B. 一芽五叶　　　　　C. 一芽一叶　　　　D. 一芽二叶

4. 采摘时要注意保存鲜叶和基本操作，下面说法不正确的是（　　　）。

　A. 采下的鲜叶，不能在手心捏得太紧、太多

　B. 装运鲜叶工具以竹制品为好，要保持通风透气，无异味，不能用布袋或塑料袋

　C. 鲜叶如不能及时运走，不能在阴凉处存放

　D. 鲜叶储存的环境条件应以温度在 15° 左右，相对湿度在 90% 左右的场所为好

5. 适制恩施玉露的传统品种是（　　　）。

　A. 恩施苔子茶　　B. 云南大叶种　　　C. 铁观音　　　　D. 肉桂

6.绿茶冲泡后叶底出现少量红色叶片，不可能的原因是（　　）。

    A.鲜叶有病虫害　　　　　　　　　B.鲜叶堆放时间过长

    C.鲜叶没有摊放立刻加工　　　　　D.鲜叶采摘时损伤

7.同一茶树品种，相同的生长环境条件，嫩叶比老叶具有更多的（　　）。

    A.叶绿素　　　　B.茶氨酸　　　　C.茶多酚　　　　D.茶多糖

8.茶树的营养器官是（　　）。

    A.根、茎、叶　　B.花、果实、种子　　C.根、茎、花　　D.花、果实、叶

9.绿茶的香气形成与下列因素无关的是（　　）。

    A.茶树品种　　　　　　　　　　　B.茶树生长环境

    C.生产加工工艺　　　　　　　　　D.使用不同厂家机器

10.高档恩施玉露干茶颜色要求（　　）。

    A.黑色　　　　　B.黄绿色　　　　C.翠绿色　　　　D.墨绿色

二、判断题

1."六分开"是将水叶与干叶分开、不同品种分开、上午采与下午采分开、高山与平地分开、老嫩不同分开、鲜度不同分开。（　　）

2.恩施玉露制作要求鲜叶新鲜，随采随制。（　　）

3.鲜叶只能摊放，不能堆积，摊放地点必须清洁、干燥、阴凉、通风，千万不能被阳光照晒或遭到雨水淋湿。（　　）

4.试验证明，恩施苔子茶、龙井43号、浙农117、鄂茶1号、鄂茶10号、鄂茶14号等茶树品种的鲜叶，适合制作恩施玉露。（　　）

5.适制恩施玉露的茶树品种，要求茶多酚含量高，蛋白质、氨基酸和叶绿素含量低。（　　）

6.适制恩施玉露的芽叶以分枝角度小、叶片斜伸、叶形狭长、芽长于叶、叶子柔软、叶色深绿为优。（　　）

7.鲜叶不经摊放，直接从蒸青开始进行恩施玉露的制作，也是可以的。（　　）

8."三不准"：不准紧压堆积；不准使用不透气尼龙袋、塑料袋装运；不准太阳直晒。（　　）

9.加工恩施玉露，可以采用紫色芽叶作为原料。（　　）

模块三 恩施玉露制作技艺

模块介绍 ●

（1）恩施玉露制作技艺有传统制作技艺和机械（或半机械或机械化）制作技艺。机械（或半机械或机械化）制作技艺是依据传统制作技艺的原理，选择适用的机器，加以配套组合而形成的制作恩施玉露的工序。

（2）本模块主要介绍恩施玉露传统制作技艺和机械（或半机械或机械化）制作技艺的主要技术要点及品质形成原理。

学习目标 ●

知识目标：

（1）掌握传统制作恩施玉露九道工序的目的、基本方法和适宜程度；

（2）掌握机械组合制作恩施玉露的工艺流程和技术参数；

（3）了解恩施玉露品质形成原理。

能力目标：

（1）能够运用传统手工方法科学地加工鲜叶，制造出品质优良的恩施玉露；

（2）能够制定出机械组合加工恩施玉露的方案、工艺流程和技术参数；

（3）通过学习能达到《茶叶加工工》国家职业技能标准中级工水平。

素养目标：

（1）了解中国传统文化，并对其进行保护和传承，激发学生的爱国热情和责任感；

（2）培养团结协作精神；

（3）初步掌握恩施玉露制作的具体操作方法和流程，为培养懂理论、能动手的复合型技术人才奠定基础。

单元一　恩施玉露传统制作技艺

📍 **单元导入** ●

恩施玉露传统制作技艺工艺过程包括九道工序，其技术性强，文化蕴含极为丰富。恩施玉露传统制作技艺使用什么样的工具进行加工？包括哪几道工序？如何掌握加工过程中的技术要点？让我们带着这些问题，开始本单元的学习。

📍 **相关知识** ●

恩施玉露传统制作技艺就是手工制作技艺，它经过一代一代茶人的传承，延续至今，又常被人们习惯地称为"古法制作技艺"，它是国家级非物质文化遗产代表性项目。

◆ **拓展知识** ◆

习近平总书记对非物质文化遗产保护工作作出重要指示，强调"要扎实做好非物质文化遗产的系统性保护，更好地满足人民日益增长的精神文化需求，推进文化自信自强。要推动中华优秀传统文化创造性转化、创新性发展，不断增强中华民族凝聚力和中华文化影响力，深化文明交流互鉴，讲好中华优秀传统文化故事，推动中华文化更好走向世界"。

一、恩施玉露传统制作设备与工具

恩施玉露传统制法全过程都是用手工完成，其主要设备与工具是专用的蒸青灶、焙炉和一些用竹篾编织而成的烘笼、晒席、簸箕、撮箕，以及用高粱梢和棕榈衣扎成的扫帚等辅助用具。

（一）蒸青灶

恩施玉露蒸青的工具是蒸青灶，是手工制作恩施玉露所特有的。最原始的蒸青灶，就是农户蒸饭的普通锅灶和木甑。在 20 世纪 80 年代之前，多采用改进后的手工蒸青灶（图 3-1），燃料使用薪柴或煤炭，现在为了环保多用电或天然气加热水箱内的水（图 3-2）。在蒸青灶台上搁置蒸青箱，箱内装置活动式蒸青屉，蒸青屉的底采用篾片或以不锈钢丝编织成筛网，利于高热蒸汽向上穿透蒸青。蒸青箱的参考规格为长 ×

宽 × 高 = 74 cm×74 cm×20 cm。

图 3-1　传统手工蒸青灶　　　　图 3-2　现代手工蒸青灶

（二）焙炉

焙炉是采用传统制作技艺制作恩施玉露的又一独特工具，炒头毛火、揉捻、铲二毛火、整形上光、焙火提香等工序都在焙炉上进行。

1. 焙炉规格

焙炉的规格为 $L×B×H$=200 cm×100 cm×（75 ～ 80）cm。传统的焙炉燃料为薪柴和煤炭等，必须在焙炉的一端开有灶门，灶门之下设置兼有通风和除灰作用的孔洞，另一端有一座烟囱（图 3-3）。而现在多采用电热加温，直接在焙炉面板下铺设电热管和温控设备即可。

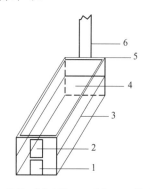

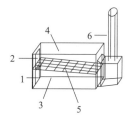

1—通风（出灰）道；2—炉门；3—炉壁；
4—炉膛；5—炉面；6—烟囱

1—焙炉炉膛；2—通风道（出灰道）；3—炉门；
4—炉壁；5—炉面；6—烟囱

图 3-3　焙炉的结构

这种特设的焙炉，炉盘温度稳定，而且炉盘面较为糙涩，搓茶过程中茶团不致滑动而易滚转，塑造紧圆挺直茶条的速度较快，而且茶团失水速度较为缓慢，使其有较为充裕的时间塑造外形。

2.焙炉建造

焙炉建筑材料主要有火砖、水泥、钢筋、扁铁和木材等。

现以修筑一个传统焙炉（图3-4）为例。

（1）焙炉灶台。焙炉的炉门一端可紧靠墙壁建筑，在墙外开凿炉门，这样可避免烟味污染茶叶；在焙炉的两侧应当有宽度在100 cm以上的空间，以方便制茶人员操作。传统焙炉的燃料为薪柴等，因此在修造时必须设有炉体、炉门、通风与出灰道、烟囱。

（2）焙炉炉盘。焙炉炉盘盘面浇铸需要水泥砂浆175 kg。其比例是：石砂125 kg（中粗砂占1/3，粉末砂占2/3），水泥50 kg，加入食盐1.5 kg，加入清水搅拌均匀即可。炉盘框架由直径为24～25 mm的带肋钢筋、宽为4 cm的扁铁用扎丝扎成，在框架之内浇铸3～4 cm厚的水泥层，即成搓茶炉盘面。炉盘面在浇铸完成后的数天内，要随时使用抿子（瓦工对该工具的习惯性称谓，理应称为抹子或抹刀）磨抹，以催紧水泥层，使可能出现的细小裂缝密合，炉面就会变得既紧实又光滑。应使炉盘自然风干，只在加工茶前数日内，可采用锯木渣、稻谷壳等物品作为燃料，在炉膛内生暗火慢烤，直至其足干。

（3）边框。取无不良气味并充分干燥的杉木方材，制作边框固定在焙炉炉盘盘面，以防止在操作过程中茶叶掉落。

图3-4 传统焙炉

（三）焙笼

焙火的焙笼是用竹篾编制的（图3-5）。

图3-5 焙笼

◆ **拓展知识** ◆

陆羽的著作《茶经·二之具》选读

原文：焙，凿地深二尺，阔二尺五寸，长一丈。上作短墙，高二尺，泥之。

译文：地上挖坑深二尺，宽二尺五寸，长一丈。上砌矮墙，高二尺，用泥抹平整。

（四）辅助工具

辅助工具的规格及其数量，各厂家可根据需要和可能自行决定，不作统一规定。

（1）拣选工具：6号、7号、8号、9号、10号、11号手工篾筛各一把，风车一架，手工拣板若干块。

（2）盛放工具：竹篾晒席若干床，簸箕、团窝各若干张，撮瓢若干个，撮箕、盛茶篾筐若干只等。

（3）清扫工具：竹梢扫帚、高粱梢扫帚、棕榈皮扫帚等若干把。

二、恩施玉露传统制作方法与流程

恩施玉露传统制作技艺工艺过程包括鲜叶摊青、蒸青、扇干水汽、炒头毛火、揉捻、铲二毛火、整形上光、提香、拣选九道工序。其中，蒸青和整形上光是恩施玉露传统制作技艺的标志性工序，也是形成恩施玉露独特品质的关键环节。这是恩施玉露异于其他茶类的独具特点之一，也为非物质文化遗产代表性项目必须传承的核心要素之一。

（一）鲜叶摊青

鲜叶采收后，按照品种、级别和进厂时间不同，分别进行摊放，千万不能混杂和堆积，切实做好保鲜工作，这是制成恩施玉露的关键所在。

1.目的

恩施玉露鲜叶摊青的目的主要包含以下五个方面。

（1）鲜叶摊青可以散发叶间积热，以防止质变。

（2）蒸发鲜叶部分水分，使叶质变得柔软，便于塑造恩施玉露外形。

（3）散发青草气，发展清香。

（4）促进内含生物化学成分发生水解转化，水浸出物含量提高，增进茶汤滋味。

（5）鲜叶经过摊放后，组织水减少，可节省初制过程中的劳力消耗和能耗，在一定程度上降低生产成本。

2. 操作方法

鲜叶摊青工具一般是干净的篾垫、纱网或摊青机。摊青场所一定要清洁、阴凉、干燥、空气流通、无任何气味的污染源和太阳光直接照射。

将茶鲜叶均匀摊放在洁净的摊青工具内（图3-6），厚度一般不超过5 cm，晴天叶、下午叶摊青可稍厚。鲜叶摊放好后，开动吊扇吹风，促进空气从叶层表面水平流动，以排湿散热。在摊放过程中可视鲜叶的物理性状，轻轻翻动一次。

常态条件下摊放，一般控制在4～6 h，最长不得超过12 h。

图 3-6　鲜叶摊青

3. 适宜程度

鲜叶摊青的适宜程度，可以用感觉器官鉴别和生物化学成分检测两种方法，作出准确判断。

（1）感觉器官鉴别：眼观叶色由鲜活翠绿转变为暗绿、叶面光泽基本消失；鼻嗅青草气减轻、散发出花果般的清香；手摸叶质由硬脆变得柔软。

（2）生物化学成分检测：一般只有水分测定一项，摊放叶的芽叶失水率为10%～15%，含水量约为70%。

◆ **拓展知识** ◆

茶鲜叶水分

水分是鲜叶的主要化学成分之一，占鲜叶质量的75%左右。水分含量因采摘的芽叶部位、时间、气候、茶叶、茶树品种、栽培管理、茶树长势等不同而异。

茶树新梢各部位含水量（占总量的比值）

部位	芽	第一叶	第二叶	第三叶	第四叶	茎梗
含水量 /%	77.6	76.7	76.3	76	73.8	84.6

（二）蒸青

蒸青在采用传统制作技艺加工恩施玉露的工艺过程中，是具有标志性的关键工序。蒸青质量优次，直接影响成茶品质，因此必须把好蒸青这一关。

1. 目的

恩施玉露蒸青的目的主要包含以下四个方面。

（1）利用高温蒸汽穿透芽叶组织，破坏酶的活性，制止茶多酚的酶促氧化，为形成恩施玉露应有的色、香、味品质特征奠定基础。

（2）散发青草气，发展清香气。

（3）促进酯型儿茶素、蛋白质、糖类等多种内含物质水解转化，全面提高成茶品质。

（4）借助热力作用，使细胞膨压减小，叶质柔软，韧性增强，便于揉捻成条。

2. 操作方法

蒸青操作要把好蒸汽温度、蒸青时间、蒸青操作三个关键点。

（1）蒸汽温度：待锅中的水腾波鼓浪，达到"滚开"，蒸汽温度在 100 ℃以上，方可进行蒸青。

（2）蒸青时间：嫩度较高的鲜叶蒸 45 ～ 50 s 即可；嫩度较低的鲜叶蒸青时间可稍微延长，一般在 60 s 左右。

（3）蒸青操作：在开始蒸青前，先把蒸青屉插入蒸青箱内，大火煮水至沸，以预热蒸青屉。当锅内的水充分沸腾从而产生大量蒸汽时开始蒸青。操作方法：将 0.2 ～ 0.25 kg 摊放过的鲜叶，迅速、均匀地薄摊在蒸青屉内，轻快地插入蒸青箱内蒸青。撒叶厚度应当是每个芽叶都不互相重叠，以利于蒸汽顺利通透。蒸青屉插入蒸青箱后，可立即采用默数的方法掌控蒸青时间，40 ～ 50 s 后达到蒸青适宜程度时，抽出蒸青屉，立即下蒸（图 3-7）。

图 3-7　恩施玉露传统制作蒸青

3.适宜程度

蒸青的适宜程度。一般是运用感觉器官鉴别或生物化学成分检测的方法进行判断。

视频：蒸汽杀青

（1）感觉器官鉴别。操作者用鼻、眼、手等感觉器官估测。凡是蒸青适度的茶叶，鼻嗅蒸青叶，青草气消失，清香扑鼻；眼观叶面，光泽消减，色现灰绿；手摸叶面，有如涂抹肥皂水一般的滑腻感，叶质柔软如棉，嫩梗折而不脆断。

（2）生物化学成分检测。一般多酚氧化酶和过氧化物酶催化活性完全钝化，但其表面水反而会增加 6% ～ 10%。

思考与练习

如何做到依据鲜叶特性，合理地运用加工技术和工艺参数进行蒸青	
你的答案	

（三）扇干水汽

扇干水汽又称扇凉，是采用传统制作技艺制造恩施玉露所独有的工艺过程（图 3-8）。

1.目的

陆羽《茶经·二之具》云："始其蒸也，入乎箪；既其熟也，出乎箪。……散所蒸芽笋并叶，畏流其膏。"扇干水汽旨在蒸发蒸青叶表面水和降低叶温，以免茶叶叶黄、汤浑、香味熟闷。蒸青使茶叶表面水增加了 6% ～ 10%，若不扇而蒸发掉，势必在后续加工过程中造成茶汁流失；同

图 3-8 扇干水汽

时，又因吸收蒸汽热量而使叶温大幅度升高，所以，蒸青适度的茶叶卸出蒸青屉以后，必须快速散热降温。这与陆羽"散所蒸芽笋并叶，畏流其膏"之论真可谓异曲同工。

2. 操作方法

扇干水汽最原始的办法是将蒸青叶迅速、均匀薄摊在晒席上，立即用手工掀拉、摆动悬挂在檩子上的一种纸糊篾扎的帻子扇，以蒸发水分，降低叶温；在一些规模很小的家庭作坊，则用蒲扇或自然风来扇凉茶叶和蒸发水分，当蒸青叶表面水分被风吹而蒸发干，叶温降至常温，就转入下一道制作工序。

视频：扇干水汽

◆ **拓展知识** ◆

陆羽的著作《茶经》选读
二之具 籝，一曰篮，一曰笼，一曰筥。以竹织之，受五升，或一斗、二斗、三斗者，茶人负以采茶也。 灶无用突者，釜用唇口者。甑，或木或瓦，匪腰而泥，篮以箅之，篾以系之。始其蒸也，入乎箅，既其熟也，出乎箅。釜涸注于甑中，又以谷木枝三亚者制之，散所蒸牙笋并叶，畏流其膏。杵臼，一曰碓，惟恒用者佳。 规，一曰模，一曰棬。以铁制之，或圆或方或花。 承，一曰台，一曰砧。以石为之，不然以槐、桑木半埋地中，遣无所摇动。 檐，一曰衣。以油绢或雨衫单服败者为之，以檐置承上，又以规置檐上，以造茶也。茶成，举而易之。

（四）炒头毛火

炒头毛火是恩施玉露传统制作技艺制造过程的特殊工序，是在焙炉盘上用手工操作来完成（图3-9）。

1. 目的

炒头毛火主要是蒸发水分，兼作揉捻和造型工作。因为扇干水汽的蒸青叶组织含水量仍然较高，需要经过炒头毛火，继续蒸发部分水分，便于揉捻成条。同时，促进内含生物化学成分转化，为茶叶色、香、味、形的形成奠定基础。

图3-9 炒头毛火

2. 操作方法

炒头毛火主要应把好焙炉温度、投叶数量、抖炒方法三个关键点。

（1）焙炉温度：焙炉炉盘盘面上的温度应在140 ℃以上，并始终保持稳定，而且要求达到此温度后才开始投叶炒制。

（2）投叶数量：扇干水汽叶 2 ～ 3 kg。

（3）抖炒方法：2 ～ 4 人共同操作。其方法是双手迅速捧起茶叶高抛抖散回落到焙炉炉盘盘面上，以蒸发水分，在搂捧抖撒的过程中完成揉捻操作。翻抖动作要轻快，要抛得散，撒得开，以便均匀失水。在炒制过程中撒在焙炉炉盘盘面上的零散茶叶，茶师们习惯性地称作"火笼圈"。要求随时将焙炉炉盘盘面上的"火笼圈"收拢并捧起抖炒，以使整批茶叶失水均匀一致，避免芽叶出现枯叶焦边，或因堆积闷渥而发黄。

3. 适宜程度

一般抛炒至叶色暗绿，叶片主脉发黄，嫩茎满布着细密的褶皱，即"鸡皮皱纹"，手捏茶坯，既不感到黏手，茶叶也不相互粘连成团，含水量为 58% ～ 60% 即为适度。

视频：炒头毛火

炒头毛火的全过程大约需要 12 ～ 15 min。

头毛火叶下炉之后，必须迅速均匀薄摊在洁净、干燥的晒席上，散热冷却，千万不能堆积。摊放时间为 30 ～ 40 min。

思考与练习

王师傅用传统手工方法加工恩施玉露，炒头毛火叶手握有刺手感，下炉后立即进行下一道工序揉捻，分析王师傅的工艺过程是否正确	
你 的 答 案	

（五）揉捻

揉捻俗称揉条。恩施玉露和"六大茶类"（传统白茶除外）所包含的多种花色一样，初制过程均包括揉捻工序，而且目的也大抵相似。但恩施玉露传统制作技艺的揉捻，却有它的独到之处。它所采用的揉捻工具、操作手法，特别是在加温条件下进行搓揉等，这些都与其他花色品类茶叶的揉捻大相径庭。

1. 目的

（1）使茶叶卷缩成条，塑造外形。

（2）破坏叶组织细胞，使细胞损伤率为 45% ～ 50%，便于冲泡时迅速出汤。

（3）进一步挥发叶内水分。

（4）加速内含物质转化，促进恩施玉露色、香、味的形成。

2.操作方法

（1）温度：焙炉炉盘盘面的温度要求稳定在 95 ℃～ 100 ℃。

（2）投叶量：回转揉依揉茶者手的大小而定，一般用双手捧炒头毛火叶两捧即可；对揉的投叶数量，依参揉人数而定，通常揉茶者为 6 人，回转揉的芽叶为 10 ～ 12 kg。

恩施玉露通常使用回转揉和对揉两种揉捻手法。

1）回转揉。回转揉又称滚团揉，由一个人单独完成。其操作方法有双把揉和单把揉两种手势。双把揉是一个人用双手捧握茶团，从左向右或从右向左周而复始环绕、滚转揉捻茶叶，直至适度；单把揉是揉茶者将一只手的手掌面朝下，摁压住适量茶团，大拇指撬起，食指、中指、无名指和小指伸直并拢，向正前方用力搓揉。与此同时，另一只手大拇指向上竖起，食指、中指、无名指和小指伸直并拢，指尖朝前，手掌面与焙炉炉盘盘面垂直并紧贴面板，扶住茶团随其同步向前推移，滚转揉捻茶团。当茶团被滚揉至焙炉中心线时，双手将茶团搂移回靠近腹部前焙炉炉盘盘面的边缘，再更换手，按照前面叙述的方法滚揉。如此反复操作，直至揉捻适度（图 3-10）。

2）对揉。在焙炉炉盘盘面上由两人或四人甚至六人配合操作。其方法是操作者对站于焙炉两侧，将茶叶在 110 ℃～ 120 ℃的焙炉炉盘盘面上沿纵向中轴线做成圆柱状，相互配合，动作协调一致，如推石磨一样往返推揉茶柱，回转揉和对揉可交替操作。其间，可视茶团松紧和茶条相互间是否有粘结成团块的情况，适当加以铲炒和抛抖，解散团块。如此反复滚揉，直至适度（图 3-11）。

3.适宜程度

揉捻叶 90% 以上的茶叶形成条索，含水量约为 50%，细胞损伤率为 45% ～ 50%，即揉捻适度。

视频：揉捻

图 3-10　回转揉

图 3-11　对揉

📍 **思考与练习** ●

简述对揉工序操作的特点，并分析在操作过程中如何培养学生团结协作的精神	
你的答案	

（六）铲二毛火

铲二毛火为恩施玉露传统制作技艺的独有工序。它是进一步塑造恩施玉露外形的必经过程，也可以说是继炒头毛火和揉捻之后的又一干燥过程（图3-12）。

1. 目的

铲二毛火的主要目的是进一步揉细、卷紧条索；蒸发水分，继续促进内含物质转化。

2. 操作方法

（1）温度：焙炉炉盘盘面的温度一般稳定控制为 100 ℃～ 110 ℃。

（2）投叶量：揉捻叶为 5 ～ 7 kg。

（3）铲炒手法：在焙炉上由两人操作完成。其方法是两人对站于焙炉两侧正中心位置，双脚各向左、向右分别跨开半步，各自两手掌的手指微向内弯曲，抱住茶团，两个人动作协调一致，如推滚球形物体一样左右往返推铲，使茶团如滚球一般翻动。随着茶叶水分逐渐蒸发，茶条逐步卷紧挺直，左右往返铲炒的动作由慢到快，并随时将撒落在茶团之外的散茶（俗称"火笼圈"）收拢铲炒，使其受热、受力均匀一致。

3. 时间与程度

铲炒时间为 8 ～ 10 min，当茶条呈墨绿色、嫩梗呈黄绿色，手握茶条互不粘连，也不成团，条索尚为紧结，柔软而稍有刺手感即适度。

图 3-12　铲二毛火

4. 摊凉

铲二毛火叶卸下焙炉之后，要快速均匀薄摊，扇风散热降温，同时，使叶内水分重新均匀分布，以利于进行整形上光。摊放时间约为 30 min。

视频：铲二毛火

（七）整形上光

整形上光惯称搓条，它与蒸汽杀青一样，为恩施玉露制造的又一道标志性工序。由单人在焙炉上用手搓转完成，全过程分为悬手搓和依托搓两个阶段。它也是塑造恩施玉露匀整、紧圆、挺直、翠绿、光滑、油润外形的关键工序，技术难度大，耗时也较长。

1. 目的

（1）塑造恩施玉露匀整、紧圆、挺直、翠绿、光滑、油润的外形。

（2）蒸发水分而固定外形。

（3）使内含成分充分转化，促进茶叶内在品质——色、香、味的完美形成。

2. 温度

焙炉炉盘盘面的温度一般稳定控制为 80 ℃～ 120 ℃。

3. 时间

整个整形上光过程需要 60 ～ 80 min。

4. 投叶量

整形上光的投叶量可采用两种办法确定：一是用秤称取，即用秤称量铲二毛火叶 0.8 ～ 1.0 kg，则为适宜；二是用手抓取，即搓制人按照自己手掌大小来决定取叶数量。一般搓茶者可用自己的双手捧取铲二毛火叶一捧，再用单手抓取一把，合并投入搓制。手掌大而手力也大者，可以多取一点，手掌小且手力也弱者，可以少取一些。总之，能达到手感舒适、搓转流畅即可。

5.操作方法

单人用手工在焙炉上搓转完成。全过程分为两个阶段，第一个阶段称为悬手搓；第二个阶段称为依托搓。

（1）悬手搓（图 3-13）。将所取定的铲二毛火叶，放在焙炉炉盘盘面上，两手大拇指翘起，四指微向内弯曲，两手心相对，捧起茶叶悬空，左手中指、无名指和小指依次加大弯曲程度并立即钩住茶团稍向后搓，右手四指迅速伸直挟住茶团，与左手同步向前搓转，大约搓至右手掌心与左手弯曲的三个指尖相对位置时，立即用两手腕部向上抖动式曲提，再迅速复位至两手心相对。如上述方法重复搓转，当将手中茶叶快搓落完成时，

图 3-13　悬手搓

视频：悬手搓

视频：依托搓

再换捧一把茶叶继续搓制。直到茶条呈细长圆形，色泽油绿，茶团柔软，茶条既不黏手又不相互粘连成团，含水量为 20%～22% 时，再转为依托搓。

（2）依托搓。依托搓紧接悬手搓法进行。它是将完成悬手搓制的一把在制茶叶，继续在温度为 80 ℃～100 ℃的焙炉炉盘盘面上进行搓制。其操作有"搂、端、搓、扎"四大手法。

1）搂。两手四指并拢微弯曲，大拇指翘起，将茶叶搂抱成团（俗称"作墩"），借以理顺、挤直茶条，并便于端转。

2）端。两手形不变，将搂拢理顺的茶团如驾驶员转动汽车方向盘一样，将茶团轻松端转，进而捞至掌根搓制转。

3）搓。手形与搂、端手法相比有所改变。它一般先是左手腕部弯曲，鱼际挺出，大拇指翘起，四指并拢且每个手指的第一、二个关节弯曲呈钩状，整只手掌以 70°～80° 的角度倾斜，压在少量茶叶上以防烫伤，左手肘关节紧挨左小腹部，身体上部微微向左边歪斜，两脚不移动，右手大拇指翘起，四指并拢微弯曲并顺势将茶团搂抱到左手掌根部后，便迅速伸直四指并指尖上翘挺掌，自指尖经各指节、手掌部至掌根，依序用力以"轻—重—轻"的方式向右前方搓出，大约当右掌心与左手弯曲的四指尖相对时，立即复用搂、端的手法将茶团理顺、端转，换左手如上述方法搓出。如此循环往复，换手搓制，直至适度。

4）扎。扎是在搂、端、搓的过程中，将一些过长的茶条折短，将弯曲的茶条抽直的一种手法。扎法是将茶条用"搂、端"手法充分理顺后，两虎口相对，紧紧握住茶团，以两手食指掌关节的背部相靠的力量，将其折断。而后，再将已经折断的两段茶叶平行并拢，继续采用搂、端、搓手法搓制。总之，在依托搓的过程中，始终采用四大手法交叉操作，直至适度。

在整个整形上光过程中，搓茶施力原则是"轻—重—轻"。它包含以下三个基本点。

（1）在整个整形上光过程中，悬手搓用力要轻。

（2）转入依托搓后，前段稍轻，茶条达到八成干度且互相不粘连时，为了使茶条紧细、挺直、光滑，要加重力量搓。茶条达九成干度后的搓制，主要是巩固已经塑造成功的外形，脱去茸毛，色泽绿润，借以焙干，需要紧握轻搓。若茶叶已近足干，而仍用大力搓制，就会使茶条断碎增多，茶条表面枯燥、色泽灰黄，即所谓的"跑光"，所以应减轻力量搓制。

（3）在依托搓阶段每次搓动时，从指尖开始经过指掌止于掌根，搓力是由轻到重再转轻的。

在整个整形上光过程中，茶墩既不散乱，也不形成死团，自始至终保持一种松泡柔软的状态；而且，要求茶墩不离开焙炉炉盘盘面，手不离开茶墩，始终把4/5的茶叶控制在手中搓制（图3-14）。

图3-14　依托搓

6. 适宜程度

整个整形上光过程需70～80 min。生物化学成分检测，茶叶含水量为6.5%～7.0%，用手指捻磨茶叶能成粉末，嫩梗折能脆断，或以口咬茶梗即断并有"嘶嘶"声响，即干燥适度。

7. 摊凉

茶叶出炉之后，应及时摊放在清洁干燥晒席上或大簸箕中，摊放叶层厚度为 4～5 cm，使其冷却至常温后进行下一道工序。

思考与练习

为什么说蒸汽杀青和整形上光是恩施玉露的标志性工艺
你的答案

（八）提香

提香是加工恩施玉露很重要的一道工序，方法多种多样，多采用焙炉或地炉、焙笼提香。

1. 目的

为了使茶叶充分干燥，防止非酶促氧化，保持品质，更好地发展成品茶的香气和滋味，必须经过提香。

2. 操作方法

（1）焙笼提香。焙笼提香的燃料一般要求用无芳香气味的栗木烧成的木炭（当地茶农通常将其称为"白炭"或"杂木炭"），焙茶前应将木炭点燃烧透，当木炭的火焰消尽时，再使用热灰掩盖，而后才开始烘焙茶叶。焙笼温度控制为 60 ℃～ 70 ℃。一般每笼 1.5～ 2.0 kg，每隔 10～ 15 min，轻轻将焙笼端离炉灶置簸箕中，翻动茶叶，使上下叶层互换位置，全程翻动一般多达 5～ 6 次。焙笼提香时间一般需要 60～ 90 min。

视频：焙笼提香

（2）焙炉提香。两人对站焙炉两侧用手工操作完成。投叶量 5～ 6 kg，控温原则为"低温长烘，先低后高"，即先用 50 ℃的温度烘，逐步提高到 70 ℃，焙火 30～ 40 min，再升温到 120 ℃～ 130 ℃，焙火 15～ 20 min。要求边烘烤边轻轻捧茶翻抖，若烘烤过程中不翻抖，则因茶条处于静止状态，于是朝上的一面失水快而收缩快，故形成"两头翘"而弯曲，制茶师傅们称其为"走性"。同时，边烘边翻抖可防止茶叶烤焦。

3.适宜程度

茶叶香气清香或栗香显露，梗折而脆断、叶捻而成粉末，含水量约为5.5%即适宜。

思考与练习

	某茶厂有鄂茶10号品种一芽一叶初展茶叶鲜叶563斤（281.5 kg），经过传统加工方法能生产恩施玉露成品毛茶多少斤？写出计算方法
你的答案	

（九）拣选

拣选实质上就是恩施玉露的一道精制过程，主要分为批量拣选和人工极品拣选等方法。

1.目的

除去毛茶碎片、黄片、粗条、老梗及其他杂物，区分成茶等级，便于分类包装出售。

2.操作方法

（1）批量拣选。批量拣选的操作中是利用筛分，借助风（或簸扬）和手工拣交错使用，直至将整批茶叶做清（图3-15）。

图3-15　恩施玉露风选

第一次筛分：对于采用一芽一叶或一芽二叶初展的鲜叶为原料制成的茶叶，一般用6号筛，以捞的筛法分出大小、整碎。边捞筛边用手工拣出梗、黄片、杂物等。

风选或簸扬：6号筛底茶可用四口风车扇去轻质碎片。风选宜用手工撒叶，取正口、子口、次子口茶；也可用$\phi 55 \sim 60$ cm的簸箕簸扬去轻质碎片。剔除碎片、杂物的茶叶即成品茶；在碎片中混有少量条茶，可用复簸方法提取出来，拌入成品茶中。

第二次筛分：将6号筛底茶，使用7号筛筛分，再次分出大小、整碎。

风选或簸扬：对7号筛面茶，以四口风车扇去轻质片末，正口、子口、次子口茶为成品茶；风车出口吹出的轻质片，用簸盘簸扬提取混在其中的少量条茶；对于7号筛底茶，使用8号筛提取条茶，并复簸扬除去轻质片末。

割末：割末俗称下末，即使用更小孔径的筛网将粉末除去。8号筛筛底茶使用10号筛割末，筛面茶使用四口风车扇去轻质片末，提出条茶。

拼堆：将6号、7号、8号、10号筛筛面成品茶拼堆拌匀即成为商品茶。

片末处理：片末茶可作压制砖茶的面茶原料，或粉碎成细碎材料制作袋泡茶。

（2）人工极品拣选。恩施玉露极品在利用人工筛、借助风（或簸扬）的基础之上，再通过人工逐个选取符合标准要求的精品茶条，拼合而成。其方法是在素色洁净的拣台上，用塑料针精心拨拣。

📍 **赛事实录** ●

匠心茗技 玉露飘香——恩施市第二届"恩施玉露十大手工制茶师"技能大赛

2023年5月12日，首届硒都工匠杯暨恩施市第二届"恩施玉露十大手工制茶师"技能大赛在屯堡乡花枝山村举行，来自全市34名选手进行恩施玉露理论笔试和制作技艺大比拼。

恩施市始终坚持绿水青山就是金山银山的发展理念，做足绿色茶园文章，延伸茶产业链条，加强对玉露制茶师的技能培训，加大对恩施玉露传承馆的建设力度，强化恩施玉露品牌建设，大力实施茶文化遗产传承保护，恩施玉露成为"金色名片"。

实习实训

实训二　恩施玉露传统手工制茶

一、实训目的

通过实训，使学生学会用传统手工方法制作恩施玉露，熟练掌握加工工艺流程、工序技术参数、要求和操作要领。

二、教学建议

（1）实训时间：6学时。

（2）需要的设施设备及材料。

1）实训地点：茶叶制作实训车间。

2）材料：一芽一叶或一芽二叶初展的茶鲜叶50 kg。

3）设备：制作恩施玉露的传统工具。

（3）教学方法：采用讲解、教师示范、学生分组实操等。

三、实训内容

（1）熟悉恩施玉露的品质特征。

（2）加工工艺流程：鲜叶摊青、蒸青、扇干水汽、炒头毛火、揉捻、铲二毛火、整形上光、提香和拣选九道工序。

（3）恩施玉露茶品质分析：恩施玉露茶品质要求外形条索紧圆挺直如松针，色泽翠绿油润似鲜绿豆，内质香气清高持久，滋味鲜爽回甘，汤色叶底嫩绿明亮。

四、实训注意事项

（1）正确使用制茶设备及工具。

（2）所有操作必须符合行业规则、职场卫生条件、健康条件、操作规程等要求。

五、作业

（1）找出用传统工艺制作恩施玉露茶在加工过程中出现的问题，分析产生原因，并提出改进措施。

（2）填写实习实训报告。

单元二　恩施玉露机械生产技术

单元导入

恩施玉露手工制作用工多，劳动力成本大，现代机械生产会大幅提高生产效率。恩施玉露机械生产会用到哪些机器？怎样操作？如何根据不同生产条件进行设备组合？让我们带着这些问题，开始本单元的学习。

相关知识

目前，可供恩施玉露机械生产使用的机器种类很多，且更新换代较快。现介绍部分常用机械设备。

一、恩施玉露生产常用机械设备

（一）鲜叶摊放设备

鲜叶摊放可使用贮青槽和连续贮青机等机械设备。小型绿茶加工企业常用贮青槽进行鲜叶摊放。贮青槽由机架、轴流风机、槽体（风道）、槽面（贮茶）等组成，如图 3-16 所示。贮青槽主体可用木板或铁板做成，为使槽面风量、风速相对均匀，槽体底板常制成一定倾斜度，自风机端由低到高倾斜。

图 3-16　茶叶贮青槽

（二）蒸汽杀青设备

市售蒸青机主要有以下两种。

1. 蒸汽杀青机

蒸汽杀青机主要结构由上叶装置、杀青装置、脱水装置、冷却装置等构成，如图 3-17 所示。蒸汽发生炉产生常压或微压蒸汽用于鲜叶杀青，热风发生炉产生高温热风用于脱水。这种蒸汽杀青机实际上是由蒸青机和脱水机两个独立部分组成，生产上也可只用其蒸青部分，脱水在其他设备上完成。

2. 汽热杀青机

汽热杀青机由上叶装置、杀青脱水装置、冷却装置等构成，如图 3-18 所示。机器核心部位——杀青脱水装置由三层构成，第一层高温蒸汽杀青，第二、三层用高热风干燥脱水。由于蒸汽压力大、热空气温度高，杀青、脱水耗时短，生产效率高。

图 3-17　6CSQ-50 网带式蒸汽杀青机

图 3-18　6CSQRC-300 汽热杀青机

思考与练习 ●

使用汽热杀青机完成鲜叶杀青、脱水过程，与恩施玉露传统制作工艺有什么差别
你的答案

（三）揉捻做形设备（揉捻机）

揉捻机由机架、揉盘、揉桶和加压装置构成，如图 3-19 所示。揉盘为圆形，中间下凹，内衬 12～20 根月牙形棱骨，用于增加揉搓力，揉盘中心装有出茶门，揉盘上面装有揉桶，揉桶上面有揉桶盖，揉捻叶从揉桶上方加入，通过揉桶盖的上下移动对揉捻叶加减压。

（四）做形干燥设备

恩施玉露是针形绿茶，需要在干燥的同时做形，常用的设备有理条机和精揉机。

图 3-19　6CR-55 茶叶揉捻机

1. 理条机

理条机是将茶叶理成直条形的机械，理条机主要结构由机架、多槽锅、传动机构、热源装置和控制系统组成，如图3-20所示。理条机的工作原理是在传动机构驱动下，多槽锅在热源上往复运转，当多槽锅温度达到设置温度时，将茶叶均匀投入多槽锅内，随着多槽锅的不断往复运动，茶叶失水的同时被理成直条形。

2. 精揉机

茶叶精揉机是将茶叶进一步干燥，同时揉搓成圆、直形茶叶的机器，其功能类似于手工制作的整形上光步骤，图3-21所示为川崎60K-S茶叶精揉机。该机由机架、槽锅、揉搓装置、传动系统、加热系统等组成，整机有四个槽锅，槽锅下由液化气炉具加热，槽锅上面配有单独的揉臂和揉手，揉臂上有加压锤。

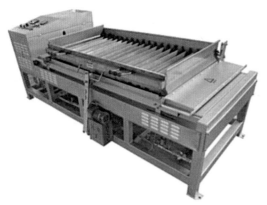
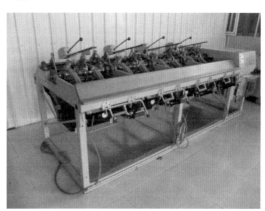

图 3-20　6CL-80/18 手工投叶间隙作业式理条机　　　图 3-21　川崎 60K-S 茶叶精揉机

（五）干燥提香设备

1. 茶叶烘干机

茶叶烘干机是利用热风穿透茶层使茶叶脱水和干燥的机器，恩施玉露茶叶头毛火、二毛火、提香等工序均可在烘干机上完成。产品种类有盘式烘干机、手拉百叶式烘干机、自动链板式烘干机等。图3-22所示为自动链板式烘干机。

自动链板式烘干机主要结构由主机箱体、上叶输送带、传动机构、热风炉和鼓风机等组成。主机箱体一端上方与上叶输送带连接，下方为出茶口，另一端下半段为热风进口。主机箱体内有3组烘板，每组烘板分为上下两层，烘板均匀密布通风孔眼，便于热风传导。链板循环回转，上层叶运行至顶端落至下层，层层下落，最后从出茶口推出。

2. 茶叶烘焙机

茶叶烘焙机可以对茶叶进行干燥和提香，产品外面可见柜体和控制面板，腔体内有可旋转层架，一般有6～18层不等，每层放置不锈钢或篾制网筛托盘，托盘上放茶叶，如图3-23所示。

图 3-22 6CHB-20 电热自动链板式烘干机   图 3-23 6CHZ-9B 茶叶烘焙机

（六）辅助设备

1. 滚筒杀青机

滚筒杀青机由机架、筒体、托轮、加热炉灶、排湿装置、传动装置等组成，如图 3-24 所示。机器型号以筒体直径为依据，如 6CS-80 型滚筒杀青机表示筒体直径为 80 cm。恩施玉露加工中炒头毛火、铲二毛火均可使用滚筒杀青机。

2. 冷却回潮机

冷却回潮机结构简单，由上叶装置、箱体、输送带、传动机构等组成，如图 3-25 所示。该机箱体上层前端进叶，下层后端出叶。箱体内设置五层输叶带，每次输叶带上的茶叶从一端运行至另一端后落至下一层，层层下落，直至运送至出叶口离开箱体。

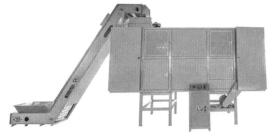

图 3-24 6CST-50D 型茶叶滚筒杀青机   图 3-25 茶叶冷却回潮机

3. 解块机

解块机由机架、进茶斗、解块箱、传动机构等组成，如图 3-26 所示。解块箱内有解块轮，解块轮上装有若干打棒，解块轮高速旋转，揉捻叶从解块轮和打棒空隙中通过，团块被打散。

4. 圆筒式炒干机

圆筒式炒干机主要结构由机架、筒体、传动机构、排湿风扇和加热装置等组成，如

图 3-27 所示。筒体内壁装有棱角条，转动时提高茶叶成条性；筒体前端内壁装有四块螺旋导叶板，筒体正转时，茶叶进入筒内，反转时，茶叶推出筒外。筒体后端中间装有纱网和排湿风扇。恩施玉露少量生产，可用圆筒式炒干机炒头毛火、二毛火。另一重要用途是"脱毫"，对理条或精揉后未足干的茶叶，用炒干机进行冷车色，脱掉茶叶表面毫毛，使茶叶变得更加紧结、油润有光泽。

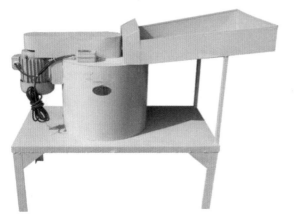

图 3-26　6CJK-30 茶叶解块机　　　　图 3-27　6CCT-80 茶叶炒干机

◆ **拓展知识** ◆

茶叶机械型号编码

按照《农机具产品型号编制规则》（JB/T 8574—2013）要求，茶叶机械型号编码由机具类别代号、主参数、改进代号三大部分组成，类别代号又包括大类分类代号（用数字表示，茶叶机械属于农业类 6）、小类分类代号（用拼音字母代替，如茶叶类为 C）、特征代号（用拼音字母代替，如杀青机为 S）三部分。例如，6CST-80，6C 表示茶叶机械，S 表示杀青机，T 表示筒状，80 表示筒体直径为 80 cm。又如，6CCB-100-3Z，6CCB 表示茶叶扁形茶炒制机，100 表示槽锅长为 100 cm，3 表示一机 3 锅，Z 是改进代号，表示全自动。

二、茶叶机械生产基础知识

（一）安全生产

安全生产重于一切。茶叶机械生产安全因素很多，包括人身安全、设备安全、食品安全等。

（1）个人防护：工作前要穿好紧身工作服，袖口扣紧，长发要盘入工作帽，准备好防护手套（操作旋转按钮时要取下手套）。

（2）开机前清理检查：开机前应对茶机进行清洁处理，去除覆盖物，检查是否有杂物落入机内，检查水、电、气源是否正常，检查关键部位连接螺钉是否松动等，开机空车运转，确认正常后方可投入运行。

（3）运行检查：设备运行中也要按规定进行安全检查，对紧固的物件要查看是否因振动而松动，严禁设备带故障运行，千万不能凑合使用，以免酿成事故。

（4）坚守岗位：机械设备运转时，操作者不能离开岗位，以防发生问题无人处理。

（5）规范操作：严禁用手调整、测量、清扫正在运转的设备，必要时停机处理。

（6）紧急处置：如遇紧急故障，先切断水、电、气源，再进行处理。如遇停电，关闭电源开关，手动机械，取出在制茶叶，避免发生次生灾害。

（7）热机停运：加热机械停止运行时，应先关闭热源，使机器继续运转，待机身温度降至 60 ℃以下时停机，以免机身局部受热不均而变形。

（8）结束收场：工作结束后，关闭所有开关，清理机器杂物，必要时清洗设备、工具、用具清理归位，场地清扫。

（二）加热机械参数设置与运行

很多茶叶机械生产设备都要进行加热操作，如杀青机、炒干机、理条机、烘干机等，其参数设置非常重要，下面介绍一些相关知识。

1. 茶叶的焦变温度与耐热性

茶叶受干热而发生焦变时的叶片温度称为茶叶的焦变温度。吴定肃试验（1983 年）测得鲜叶的焦变温度为 120 ℃～132 ℃。

茶叶的耐热性是指茶叶不至于发生焦变而对热量的耐受能力。焦变是在干热条件下发生的，湿热不会焦变。一般来说，茶叶的含水率越高就越不易达到焦变温度，其耐热性就越好。在生产过程中，要根据叶片的含水情况，灵活设置机器运行参数，避免发生焦变甚至焦糊。

2. 机器的设置温度、显示温度、施加温度和叶表温度之间的关系

设置温度就是人为设置的机器运行温度，即机器停止加热时传感器接触点的温度；显示温度即仪表温度，是仪表上显示的、温度传感器接触点的实际温度；施加温度即机器与茶叶接触点的温度，是茶叶实际感受到的温度。

显示温度不等于设置温度。机器开始加热后，温度逐渐升高，当显示温度等于设置温度时，机器停止加热，因余热作用，显示温度还会继续升高一定数值（一般升高几摄氏度，具体升高多少与设备性能有关），然后温度开始下降，当温度下降至设置温度时，机器又开始加热。为了避免机器频繁通断电造成疲劳工作，也可以将温度控制器设置为低于设置温度几摄氏度才开始加热。这样显示温度会在设置温度上下波动，处于动态变化

之中。

施加温度不等于显示温度。投叶前，当机器处于热平衡状态时，施加温度接近且略低于显示温度，一旦投叶，茶叶带走大量热量，施加温度迅速降低。加热一段时间后，当茶叶水分蒸发带走的热量与机器加热补充的热量达到平衡时，施加温度就接近显示温度。施加温度降低幅度与多种因素有关，如茶叶本身温度、茶叶含水率、投叶量、机器热功率高低及机器传热方式（传导、对流、辐射）不同等。在实际生产中，若机器使用传导传热方式，施加温度与显示温度往往会相差很大，有时相差可达 100 ℃以上。

茶叶的叶表温度低于施加温度。茶叶的含水率越大，叶表温度就越低。鲜叶含水率高时，因水分蒸发带走大量热量，叶表温度一般不会超过 100 ℃。若施加温度过高，茶叶翻动不及时，可能造成局部茶叶过热，达到或超过焦变温度而焦变、焦煳。

上述温度之间的关系归纳为：叶表温度＜施加温度＜显示温度≈设置温度。

3. 参数预设与试运行

（1）预设温度。预设温度就是在机器开始工作以前预先给机器既定一个设置温度。预设温度要以恩施玉露传统制作工艺温度为参考依据，首先在工艺温度基础上提高 100 ℃左右预设（传导传热方式），再根据茶叶含水量高低适当调整。如恩施玉露炒头毛火时，焙炉的温度要求达到 140 ℃，且此时茶叶的含水量较高，首次将温度预设为＞ 140 ℃ + 100 ℃，实际运行经验：设定 260 ℃～ 280 ℃较为合适。

（2）投叶调试。开机后，机器先空运一段时间，待机器温度达到平衡且施加温度接近设置温度时开始投入茶叶，投入一定量茶叶运行，密切观察效果，采取加减叶量、调整设置温度、改变转速等措施，直到茶叶加工达到工艺要求的目标为止。

思考与练习 ●

恩施玉露制作，使用滚筒杀青机炒头毛火，出现茶叶焦煳现象怎么处理	
你的答案	

[例题]揉捻叶用理条机分两次铲二毛火，使茶叶含水率达到上精揉机的要求，如何设置理条机运行参数？

解：因传统工艺铲二毛火时，焙炉温度要求100 ℃～110 ℃，且揉捻叶的含水率在60%左右，水分较多，故第一次设置温度为230 ℃（为什么？）。使用18槽往复理条机，投入3 kg茶叶后，发现茶叶有粘锅现象，遂将温度提高至260 ℃，并加快机器转速（为什么？），至含水率约45%时出叶（为什么？），摊凉回潮后进行第二次铲二毛火。

第二次铲二毛火，目标是使茶叶含水率达到30%～35%，便于后续精揉操作，此时茶叶含水率较低，温度设置低一点才安全可靠，故将机器设置温度定为160 ℃，实际运行达到预想效果。

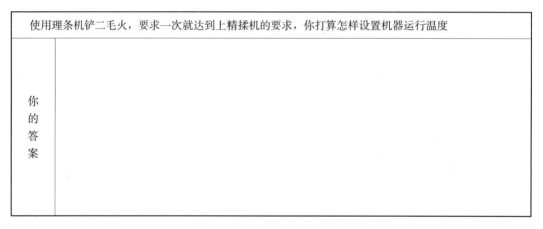
🔖 思考与练习 ●

使用理条机铲二毛火，要求一次就达到上精揉机的要求，你打算怎样设置机器运行温度	
你的答案	

（三）做形机器操作

常用的做形机器有揉捻机、理条机、精揉机等。其中理条机操作比较简单，这里不作讲述，主要介绍揉捻机和精揉机的操作。

1.揉捻机操作

揉捻的目的：一是使茶叶卷紧成条；二是使叶片细胞一定比例破损。使用揉捻机揉制茶叶，技术的关键是控制和调节揉茶压力，运用"轻—重—轻"的原则，即开始时空压，逐渐加压至重压，再松压解块，空压卸料。要"看茶做茶""嫩叶轻压短揉，老叶重压长揉"。揉捻的好坏直接关系到恩施玉露成品茶的品质，建议采取以下措施进行揉捻。

（1）投叶量适中：茶叶均匀放入揉桶中，不用挤压，自然紧贴揉桶盖即可。

（2）空揉：不加压空揉15～20 min。

（3）轻压：随着茶叶体积的缩小，逐渐下调揉桶盖的位置，使其距离茶叶2～3 cm，轻柔15～20 min。

（4）重压：下调揉桶盖，刚好贴近茶叶，揉捻 5 ~ 10 min，减一次压揉捻 3 ~ 5 min，可重复一次。

（5）卸料：减压空揉 2 ~ 3 min，卸料。

揉捻时间不宜过长，全程应控制在 1 h 内完成。

2. 精揉机操作

机械生产恩施玉露，整形上光使用精揉机来完成，使茶叶在干燥的同时，外形变得紧、圆、直。下面介绍操作精揉机的一些技术要领。

（1）二毛火叶水分控制是关键。二毛火叶含水率低于 30%，容易断碎，含水率高于 35%，容易结团，因此，控制好二毛火叶含水率非常重要。

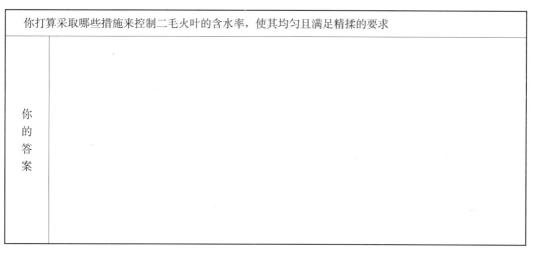

（2）高温上叶。上叶锅温度要高，一般为 100 ℃ ~ 110 ℃，做到不达温不上叶。二毛火叶比较脆硬，高温有利于迅速回软。如果锅温度低，茶叶回软速度慢，锋苗和少数水分少的茶叶容易断碎。

（3）分次投叶。槽锅内的茶叶不要一次投入完成，要分次投叶。首次最多一半，然后视茶叶结团情况，决定后续投叶的时间和频次。

（4）控制投叶总量。不能拘泥于每个槽锅固定投放多少质量的茶叶。正常水分二毛火叶每个槽锅以投放 4.5 kg 左右为宜，因为茶叶含水率是不固定的，密度也有变化，真正影响精揉效果的是槽锅内茶叶的体积而不是质量。若茶叶投放量过多，茶条相互挤压，即使机器没有加压，茶团内部也在互相加压；若茶叶投放量过少，机器则加不上压。因此，投叶总量过多、过少都不利于精揉。

（5）适时加减压。开始投料后要空揉，相当于恩施玉露手工制作的"悬手搓"，料投放完成，根据茶叶水分状况，适时加减压，类似于恩施玉露手工制作的"依托搓"。

（6）及时卸料。加至重压后，茶叶很快就会变干，用手感知茶叶，有刺手感且变滑，茶叶含水率在15%左右时卸料。若重压时间过长，或卸料过晚，茶叶极易断碎。若卸料过早，茶叶水分含量高，已成直形的茶叶容易回软变弯（俗称"走性"）。

三、恩施玉露机械生产方法

（一）基于传统工艺的机械组合方案

以恩施玉露传统生产工艺为基础的机械生产步骤为鲜叶摊放→蒸汽杀青→扇干水汽→炒头毛火→冷却回潮→揉捻→解块→铲二毛火（1～2次）→冷却回潮→理条整形→冷却回潮→脱毫→提香→拣选。

依据机械加工变化特点，将上述步骤分为以下四个阶段。

阶段一：揉捻前，包括鲜叶摊放、蒸汽杀青、扇干水汽、炒头毛火、冷却回潮等过程，生产出的在制品茶叶称为"头毛火叶"。

阶段二：揉捻，包括揉捻、解块过程，生产出的在制品茶叶称为"揉捻叶"。

阶段三：揉捻后，包括铲二毛火、整形上光、脱毫、提香等过程，生产出的在制品茶叶称为"毛茶"。

阶段四：精制，包括拣选、筛分等过程，生产出的茶叶称为"精制茶"，用于储藏包装销售。

以上四个阶段中，阶段二、阶段四基本采用固定的工具和设备，阶段一、阶段三则可依据厂家设备种类不同、生产规模大小不同等因素进行组合生产，下面就阶段一和阶段三提供一些可供参考的机械组合方案。

1.揉捻前头毛火叶机械生产组合方案

揉捻前头毛火叶机械生产组合方案见表3-1。

表3-1　揉捻前头毛火叶机械生产组合方案

工艺流程	鲜叶摊放	蒸汽杀青	扇干水汽	炒头毛火	冷却回潮
使用机械	*	蒸汽杀青机（仅蒸青）	*	滚筒杀青机或自动链板烘干机或炒干机（少量）或理条机（少量）	△
	*	蒸汽杀青机			△
	*	汽热杀青机			△
说明：* 表示可以用贮青槽，也可以用其他设施；△表示冷却回潮可以使用回潮机，也可以使用其他办法，不影响整体生产					

2. 揉捻后毛茶机械生产组合方案

揉捻后毛茶机械生产组合方案见表3-2。

表 3-2　揉捻后毛茶机械生产组合方案

工艺流程	炒二毛火	理条整形	脱毫	焙火提香
使用机械	方法①理条机 1 ～ 2 次 方法②烘干机 1 ～ 2 次 方法③烘干机 1 次、理条机 1 次 方法④滚筒杀青机 1 次、理条机 1 次 方法⑤炒干机 1 次、理条机 1 次	精揉机	*	方法①烘焙机 方法②烘干机 2 ～ 3 次
	理条机 2 ～ 3 次		*	

说明：1.* 表示脱毫步骤可根据产品质量要求取舍；
　　　 2. 炒二毛火理条机使用频率越高，越有利于后期整形

案　例

一种恩施玉露机械组合生产工艺

恩施职业技术学院恩施玉露制作技艺传承基地利用教学试验设备，以传统工艺为基础，创制了一种恩施玉露机械组合生产工艺，现介绍如下：

（1）鲜叶要求。主要采用海拔 900 ～ 1 200 m 地区有机种植的恩施苔子茶、鄂茶 10 号品种，要求一芽一叶 ≥ 95%（特级要求）。

（2）鲜叶摊放。鲜叶进厂后薄摊于干净的贮青槽或篾制晒席上，摊叶厚度不超过 5 cm，摊放时间为 5 ～ 10 h，一般不超过 8 h，以鲜叶含水率 70% 左右为宜，期间每隔 2 ～ 3 h 翻动一次。

（3）蒸汽杀青、扇干水汽。采用 6CSQ-50 型网带蒸汽杀青机杀青，蒸汽温度设置为 150 ℃，投叶量为 30 ～ 40 kg/h，杀青时间为 30 s 左右。蒸汽杀青后不开启热风脱水装置，直接用冷风吹凉、扇干叶表水分，整个过程耗时 20 ～ 30 min。

（4）炒头毛火、冷却回潮。用 6CHB-6 自动链板式烘干机炒头毛火，温度设置为 165 ℃左右，头毛火叶含水率为 55% ～ 60%。头毛火叶冷却后，密封回潮，回潮时间 1 h 左右。

（5）揉捻。用 6CR-45 型揉捻机揉捻，投叶量为 20 ～ 25 kg，揉捻时长为 60 min 以内。

（6）铲二毛火。用 6CL-80/18 往复式理条机分两次铲二毛火，第一次设置温度为 260 ℃，茶叶含水率为 40% ～ 45% 时卸料，冷却回潮 30 min，第二次设置温度为 160 ℃，茶叶含水率为 30% ～ 35% 时卸料。

（7）精揉。运用川崎 60K-S 茶叶标准精揉机干燥做形，温度设置为 100 ℃，投叶量 4.5 kg 左右 / 锅，茶叶含水率为 10%～15% 时卸料，精揉时长约为 1 h。

（8）脱毫。将精揉后的茶叶摊凉后放入 6CCT-80 茶叶炒干机，不加热，开启抽风机，慢速转动，直至茶叶表面油润有光泽为止，时长 30 min 左右。

（9）提香。运用 6CHZ-9B 茶叶烘焙机提香，整机放茶叶 15～20 kg，先用 60 ℃温度烘焙茶叶 2 h 至足干，然后用 105 ℃～115 ℃ 温度烘焙茶叶 10～15 min 提香。

（10）拣选。提香后的茶叶充分冷却后拣选分级，密封保存。

注：因鲜叶品质不同，设施设备有差异，上面技术参数仅供参考。

（二）现代智能化连续生产介绍

20 世纪 80 年代，日本已经建立了蒸青绿茶自动化生产线，具有鲜叶质量评价装置和全过程水分、温度、风量等关键参数的在线监测能力，实现了生产全过程的自动监测与控制。

近年来，我国以促进茶叶加工省力化、产品质优化为目标，开展了系统研究，取得了很大进展，如运用全自动揉捻技术、远红外提香技术、智能色选技术等。随着现代科技的发展，茶叶加工装备的数字化、智能化控制技术日趋成熟，包括原料的自动化分拣、水分的智能感知、温度的自动控制、在制茶品质的快速分析与反馈等，真正可以实现从鲜叶到成品茶的无人操作。

图 3-28 所示为恩施市润邦国际富硒茶业有限公司恩施玉露连续化生产车间一角。

图 3-28　润邦国际富硒茶业有限公司生产车间一角

◆**拓展知识**◆

一种手工与机械相结合的恩施玉露生产方法

从加工工艺上看，机械生产和手工生产存在差别，例如，传统手工生产采用100 ℃常压饱和蒸汽杀青，而现代汽热杀青蒸汽温度能达到数百摄氏度；传统手工生产在焙炉上热揉，机械生产用揉捻机冷揉等，这些工艺差别会对恩施玉露成品茶的品质风味造成差异。从实际消费者看，有消费者酷爱手工恩施玉露茶，这说明消费者已经实际感受到了这种差异的存在。但是，纯手工生产成本高，效率低，如何使用少量机械替代手工生产，使茶叶品质最大限度接近纯手工生产而大大提高生产效率呢？我们推荐一种切实可行的手工与机械相结合的恩施玉露生产方法供参考：鲜叶摊放→传统蒸汽杀青→扇干水汽→传统焙炉炒头毛火→冷却回潮→揉捻机揉捻→理条机铲二毛火一遍→焙炉上整形上光→拣选。

◉ **实习实训** ●

实训三　恩施玉露机械组合制作

一、实训目的

通过实训，掌握不同机器的操作要领，学会不同条件下恩施玉露机械操作替代方案，更进一步领会传统手工方法制作恩施玉露的技术要领。

二、教学建议

（1）实训时间：6学时。

（2）需要的设施设备及材料。

1）实训地点：茶叶加工实训车间。

2）材料：一芽一叶或一芽二叶初展的茶鲜叶 50 kg。

3）设备：恩施玉露制作常用机械设备。

（3）教学方法：教师示范讲解、学生分组实操等。

三、实训内容

（1）使用机器完成蒸青、炒头毛火、揉捻、铲二毛火操作；

（2）选用机器或手工完成整形上光操作。

四、实训注意事项

（1）分组领取鲜叶后，按教师分配的机器进行分组操作。

（2）蒸汽杀青、揉捻使用相同的机器，炒头毛火、铲二毛火采用不同的机器替换操作。

（3）听从指挥，注意安全。

（4）完成实训报告。

五、作业

（1）蒸汽杀青机杀青与传统蒸青灶杀青有哪些异同点？鲜叶杀青效果有什么不同？

（2）传统手工揉捻与机器揉捻茶叶外形有什么差异？

单元三　恩施玉露品质形成原理

单元导入 ●

　　恩施玉露属蒸青绿茶，除具备普通绿茶的品质特征外，因其特殊加工工艺，造就了其特殊品质。恩施玉露的色、香、味是由哪些物质产生的？与其加工工艺有何关系？让我们带着这些问题，开始本单元的学习。

相关知识 ●

　　茶树鲜叶中含有多种物质成分，经加工后，有的成分会减少，有的成分会增加，还会生成很多新的物质。如何增加茶叶中的有利物质，减少不利成分，生产出优质茶叶，这是茶叶生产者追求的目标。恩施玉露茶叶具有独特的品质风味，研究恩施玉露品质形成原理，不仅可以为广大消费者提供优质的产品，还是非遗保护与传承的需要。

一、茶叶中的重要物质

（一）鲜叶所含物质成分比例

　　茶树鲜叶中大部分是水，水分占鲜叶质量的 75%～78%，干物质占 22%～25%。鲜叶经加工制干以后，一般要求含水率为 4%～7%，《地理标志产品　恩施玉露》（DB42/T 351—2010）要求恩施玉露干茶含水率 ≤ 6.5%。因此，通常需要 4 kg 多鲜叶才能生产出 1 kg 干毛茶。

茶树鲜叶中的干物质，绝大部分是有机物，少量为无机物。各组分含量如图 3–29 所示。

- 茶树鲜叶中干物质（100%）
  - 有机物（93%～96.5%）
    - 茶多酚（18%～36%）
    - 蛋白质（20%～30%）
    - 氨基酸（1%～4%）
    - 糖类（20%～25%）
    - 生物碱（3%～5%）
    - 类脂类（8%左右）
    - 果胶（4%左右）
    - 有机酸（3%左右）
    - 色素（1%左右）
    - 芳香物质（0.005%～0.03%）
    - 维生素类（0.6%～1%）
    - 酶类
  - 无机物（3.5%～7%）

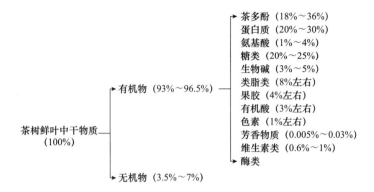

图 3–29　茶树鲜叶中干物质组分含量

鲜叶经加工至成品茶后，部分物质能溶于沸水，茶叶冲泡时进入茶汤中，这部分能溶于沸水的物质统称为“水浸出物”。干茶中，能溶于沸水的物质占 35% ～ 45%，不能溶于沸水的物质占 55% ～ 65%。茶树品种不同，生产管理方式不同，鲜叶老嫩不同，水浸出物含量高低就不同，水浸出物中各成分的相对含量和比例，共同决定着茶叶的口感和质量。《地理标志产品 恩施玉露》（DB42/T 351—2010）要求恩施玉露茶叶水浸出物≥ 36.0%。

（二）与茶叶品质相关的重要物质

1. 茶叶中的多酚类物质

茶叶中的多酚类物质统称为“茶多酚”，也称“茶鞣质”“茶单宁”。

（1）多酚类物质的种类。茶多酚在茶叶中含量很高，约占鲜叶干物质总量的 1/3，占茶汤水浸出物总量的 3/4，包括多种不同构造的物质。其具体分类组成如图 3–30 所示。

- 茶多酚（占鲜叶干重的18%～36%）
  - 儿茶素类（占鲜叶干重的12%～24%）
  - 黄酮类（占鲜叶干重的3%～4%）
  - 花青素类（占鲜叶干重的4%～6%）
  - 酚酸和缩酚酸类（占鲜叶干重的5%）

图 3–30　多酚类物质的种类

1）儿茶素类。儿茶素属于黄烷醇类化合物，是茶多酚的主体成分，占茶多酚总量的 70% ～ 80%。

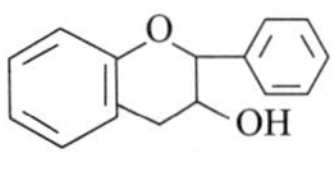

黄烷醇

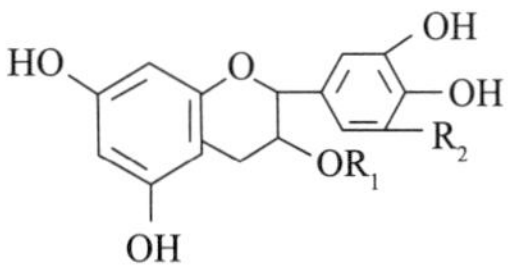

儿茶素类

①当 R_1=H，R_2=H 时，称为儿茶素，代号为 C。

②当 R_1=H，R_2=OH 时，称为没食子儿茶素，代号为 GC。

③当 R_1= （没食子酰基），R_2=H 时，称为儿茶素没食子酸酯，代号为 CG。

④当 R_1= （没食子酰基），R_2=OH 时，称为没食子儿茶素没食子酸酯，代号为 GCG。

C、GC 为简单儿茶素，CG、GCG 为酯型儿茶素。

纯净的儿茶素为白色固体，易溶于热水。普通儿茶素具有涩味，酯型儿茶素具有苦涩味，儿茶素具有很强的收敛性，能刺激口腔黏膜产生回甘效果，这是多酚类物质的共性，是茶汤重要的呈味物质。

2）黄酮类。黄酮类的基本结构为 2- 苯基色原酮，包括黄酮醇和黄酮苷（黄酮醇与糖结合形成的糖苷）类结构的物质。

黄酮　　　　　　　　　　　　黄酮醇

黄酮类物质多为亮黄色晶体，易溶于水，水溶液为绿黄色至橙黄色，又称"花黄素"，是绿茶汤色的重要组成部分。黄酮苷类物质具有苦味，水解生成低碳糖，产生甜味。

3）花青素类。花青素又称花色素，包括原花色素、花青素、花白素、花色苷及其苷元等，是一大类主要的水溶性植物色素，这类物质具有随介质 pH 值变化改变结构的可能性，在不同的酸碱度中呈现出不同的颜色。花青素在自然界中多以糖苷的形式存在。

R_1、R_2、R_3 多为—OH

花青素的基本结构

花青素在正常生长的茶树新梢中含量很少，约占干物重的 0.01%，但在紫芽茶中则可高达 1% 以上，茶树"紫鹃"品种花青素含量高达 2% 以上。花青素具有苦味，恩施玉露不宜选用紫芽叶制作。

4）酚酸和缩酚酸类。酚酸是一类分子中具有羧基和羟基的芳香族化合物，一个分子上的羧基与另一分子上的羟基脱水缩合形成缩酚酸。茶叶中的酚酸主要有没食子酸，另外，还有香豆酸、咖啡酸、鸡纳酸等。

没食子酸（代号G）　　　　　　　　　　双没食子酸

酚酸类物质多为白色晶体，易溶于水，呈弱酸性，是茶汤滋味的形成因子之一，在制茶过程中影响茶叶中的 pH 值环境。

（2）多酚类物质的生理功效。大量研究表明，茶叶中的多酚类物质具有抗氧化、抗肿瘤、抗衰老、抗病毒、抗辐射、抗炎、镇痛、保肝、保护心血管系统、降血压、降胆固醇、减肥等多种生物学功能，在动物生产和人体健康领域具有广阔的应用前景。

（3）多酚类物质的理化性质。

1）弱酸性。酚羟基能离解出少量 H^+，具有弱酸性，可与强碱反应。

$$ArOH \rightleftharpoons ArO^- + H^+ \quad （Ar 表示酚类）$$

2）强还原性（抗氧剂）。茶多酚还原性很强，非常容易被氧化，生成醌类物质，是天然的抗氧剂。酶促（多酚氧化酶）条件下，高温、高湿及 H^+ 作用下反应速率会加快，在常温、常压下也可以发生缓慢氧化。

儿茶素　　　　　　　　　　醌式结构

恩施玉露属绿茶类，加工过程要控制多酚类物质的氧化，鲜叶杀青就是钝化多酚氧化酶的活性，干茶低温贮存可以减慢氧化的进程。

3）水解作用。茶叶中的多酚类物质如黄酮类、花青素类、酯型儿茶素类中存在糖苷键和酯键，在水解酶和稀酸 H^+ 作用下会发生水解，在制茶过程中起着重要的作用，对茶叶品质的形成带来有利的影响。如酯类物质水解反应：

$$R_1COOR_2 + H_2O + 热量 \rightleftharpoons R_1COOH + R_2OH$$

水解反应是吸热反应，温度越高，含水量越大，反应速率越快，反应程度越高。

4）与金属离子生成配合物。与 Fe^{3+} 反应，生成墨绿色或紫色的酚铁配合物沉淀。利用此反应可以定性、定量检验茶多酚，同时，含 Fe^{3+} 偏高的水泡茶对汤色产生不利的影响。

$$Fe^{3+} + 6ArOH \rightarrow [Fe(OAr)_6]^{3-} + 6H^+$$

酚类物质遇重金属离子如 Pb^{2+}、Ag^+、Hg^{2+} 等也会产生配合物沉淀，因此，饮茶可减少水中可能的重金属离子的危害，有利于人体健康。

5）缔合反应。多酚类物质（主要是茶黄素 TF 和茶红素 TR）遇生物碱（主要是咖啡碱）通过氢键互相缔合成胶体，在低温下胶体凝结聚沉成不溶物，这就是茶界所称的"冷后浑"现象，加热后又返清，沉淀消失。

6）使蛋白质凝固而变性。多酚类物质能与蛋白质产生凝结作用，生成多酚 - 蛋白复合物。茶叶具有较强的抑菌、消炎作用，原因是酚类物质使细菌蛋白变性。如儿茶素能抑杀消化道中的大肠杆菌、肠炎沙门氏菌、霍乱弧菌、伤寒沙门氏菌等，还能抑杀多种皮肤真菌，如白癣和顽癣等，提高了茶叶的药用价值。

（4）鲜叶中茶多酚含量的影响因素。

1）从整个茶树看，新梢＞老叶＞茎＞根。

2）新梢中，第一叶＞芽＞第二叶＞第三叶＞第四、五叶

3）气温高、光照强、光照时间长，茶多酚含量就高。夏茶＞秋茶＞春茶，同一时段，低海拔＞高海拔。

4）不同茶树品种，一般来说，大叶种＞中、小叶种。

2. 茶叶中的含氮化合物

（1）蛋白质。茶叶中的蛋白质种类多，含量高，占鲜叶干物质的 20%～30%。蛋白质遇酸、碱、热力等条件都会变性而凝固，茶叶在制作过程中，绝大部分蛋白质因热力作用而凝固，只有极少量（约占鲜叶蛋白质总量的 1%）未凝固而进入茶汤，对茶汤滋味具有一定作用，也可起到增稠茶汤的效果。

蛋白质另一重要性质是在蛋白酶、酸、碱等条件下发生水解，生成各种中间产物，彻底水解变成氨基酸。水解过程为蛋白质→胨→朊→多肽→二肽→氨基酸。

有研究表明，蛋白质含量越高的鲜叶，代谢和茶叶加工过程中产生的中间产物就越多，干茶品质就越好。

（2）氨基酸。氨基酸是构成蛋白质的最小结构单元，一个氨基酸分子中的羧基 $R-\overset{\overset{O}{\|}}{C}-OH$ 与另一氨基酸分子中的氨基 $-NH-R'$ 通过脱水结合形成肽键 $-\overset{\overset{O}{\|}}{C}-NH-$（酰胺键），多个氨基酸分子脱水缩合形成肽链，多条肽链结合形成具有立体结构的蛋白质分子。

单个氨基酸分子具有两性，羧基具有酸性，氨基具有碱性。氨基酸的水溶性与分子中憎水基团大小有关，一般小分子氨基酸都易溶于水，水溶液接近中性。

茶叶中氨基酸具有两种存在形态，一种存在于蛋白质内，即组成蛋白质的氨基酸；另一种以游离态存在于茶叶内，称为游离氨基酸。组成蛋白质的氨基酸是维持茶树生

长发育所必须蛋白质的基本组成单位，这部分氨基酸在种类、数量上都相对稳定，不会因外界环境条件改变而变化。茶树体内的游离氨基酸因茶树品种、生长环境、农业措施和发育阶段的不同而发生变化，品种和数量存在差异。茶叶中的氨基酸共有 26 种，除 20 种蛋白氨基酸外，还有茶氨酸、豆叶氨酸、谷氨酸、γ－氨基丁酸、天冬氨酸、β－丙氨酸 6 种非蛋白氨基酸。

茶氨酸（N–乙基–γ–L–谷氨酰胺）是茶叶中特有的游离氨基酸，占游离氨基酸总量的 50% 以上，占干茶重量的 0.5%～3%，有的甚至高达 7%（如安吉白茶）。纯品茶氨酸为白色晶体，极易溶于水，具有焦糖的香味和类似味精的鲜爽味，对绿茶滋味有重要的影响，能缓解茶的苦涩味，增加甜味。研究表明，茶氨酸具有明显的保护神经作用，能增强记忆力，还有降血压、提高免疫力等功效。

L—茶氨酸分子结构式　　　　茶氨酸的结构简式

茶氨酸含量随品种、季节、老嫩而变化，级别越高的茶叶，氨基酸含量往往越高。茶氨酸含量一般规律如下。

1）嫩梗＞芽＞嫩叶＞老叶，芽＞一叶＞二叶＞三叶＞四叶。

2）春茶＞秋茶＞夏茶。

3）高海拔＞低海拔。

4）覆盖茶＞露天茶（温度越高，光照越强，茶氨酸含量越低）。

5）肥力足＞缺肥。

茶叶中游离氨基酸对茶叶品质的影响如下：

1）游离氨基酸含量高，叶质柔软，持嫩性强，利于加工做形。

2）游离氨基酸含量高，茶汤滋味越好。如茶氨酸、谷氨酸具有类似味精的鲜爽味，精氨酸具有鲜甜味，天门冬氨酸带鲜味。

3）有些游离氨基酸本身具有香味。茶氨酸本身具有焦糖香，苯丙氨酸、色氨酸和酪氨酸具有的芳香环带有香气。

4）茶叶在加工过程中，游离氨基酸自己转化成香气物质，或与多酚化合物及其氧化产物醌类物质结合生产香气物质，提高茶叶品质。

（3）生物碱。生物碱是指一类来源于生物体的含氮碱性有机化合物，其碱性氮原子存在于杂环结构内。生物碱具有很强的生理作用。茶叶中的生物碱主要是嘌呤类，也有少量嘧啶类。茶叶中嘌呤类生物碱主要有咖啡碱、茶碱、可可碱三种。茶碱和可可碱互为同分异构体。其结构式如下。

咖啡碱　　　　　　　茶碱　　　　　　　可可碱

茶叶中生物碱绝大部分是咖啡碱。咖啡碱又称咖啡因，占茶叶干物质总量的2%～4%。咖啡碱最早发现于咖啡豆，但含量高于咖啡豆（1%～2%）。无水咖啡碱为白色粉末状固体，含一分子结晶水的咖啡碱为白色针状晶体。无水咖啡碱在120 ℃升华，180 ℃大量升华，236 ℃熔化。因此，茶叶加工干燥阶段，因温度较高会损失一部分咖啡碱，咖啡碱易溶于热水，当水温高于80 ℃时，溶解度会迅速增大。

咖啡碱具有苦味，对茶汤滋味不利。茶叶在加工过程中，咖啡碱可与酚类及其氧化产物结合，既减少了咖啡碱的苦味，又减少了酚类物质对蛋白质的凝固作用，使茶汤滋味更加醇和。另外，绿茶冲泡时，适度低温，咖啡碱溶出率低，也有利于减少咖啡碱的苦味。

茶叶中咖啡碱等生物碱具有很强的生理活性。

1）刺激中枢神经，兴奋大脑皮层，减轻疲乏。

2）舒张血管，促进胃液分泌，帮助消化。

3）加快血液循环，增加肾小球的过滤率，起利尿作用。

4）对支气管哮喘有一定疗效。

影响鲜叶咖啡碱含量的因素如下：

1）大叶种＞小叶种。

2）夏茶＞春茶。

3）新梢，嫩叶＞老叶＞茎梗，第二叶＞第一、三叶＞第四、五叶。

4）覆盖茶＞露天茶。

5）肥力足＞缺肥。

3. 茶叶中的糖类

糖类习惯上称为碳水化合物，包括单糖、寡糖和多糖。茶叶中的糖类物质有三种存在形态，第一种是游离态的，是可溶性的，如葡萄糖、蔗糖等；第二种是结合态的，经水解酶作用可水解为可溶性糖，如黄酮类、花青素糖苷中的葡萄糖、鼠李糖；第三种是不溶性的，如纤维素、难溶淀粉、木质素、果胶等。

糖类物质在茶叶中含量较多，达干物质总量的20%～25%。但这类物质中，绝大多数是不溶性的（纤维素、木质素、果胶等），主要是构成细胞壁的物质，起支撑作用，不溶性糖分越多，茶叶就越粗老，给成型加工和内含成分带来不利影响。茶叶中可溶性糖类包括单糖（主要是葡萄糖、半乳糖、甘露糖和果糖）、二糖（主要是蔗糖、麦芽糖）、少量寡糖和多糖（可溶性淀粉、茶多糖等）。可溶性糖在茶叶中含量不多，约占干物质质量的 4%（包括鲜叶中的结合糖在加工过程中水解出的部分），随冲泡进入茶汤。可溶性糖是茶汤滋味和香气的来源之一，是茶汤甜味的主要成分，对苦味和涩味有一定的掩盖和协调作用，这部分糖的含量越高，茶汤滋味越甘醇而不苦涩。可溶性糖类物质在加工过程中还能转变为香气物质，如糠醛，对茶叶香气带来良好的作用，红茶中的甜香是糖类转化与氨基酸结合生成，果糖在受热时产生焦糖香。

淀粉属于多糖类，有难溶性淀粉和可溶性淀粉。在茶籽中含量高达 30%，在茶树新梢中含量为 0.4% ~ 0.7%。茶叶在制作过程中，部分淀粉在酶的催化作用下可水解为低碳糖，增进茶叶香气和滋味。

茶叶中还有一部分可溶性糖——茶多糖，具有生理活性，对人体健康有益。茶多糖是一种酸性蛋白杂多糖，由糖类、蛋白质、果胶质等组成，并结合了大量矿质元素。茶叶干品中茶多糖含量一般为 1% 左右，茶多糖在粗老茶叶和茶梗中含量较高。茶多糖易溶于热水。研究表明，茶多糖具有降血糖、降血脂、抗动脉粥样硬化、降血压、防治心血管疾病、增强机体免疫力等功能。

果胶属于杂聚多糖，在茶叶中含量占干物质质量的 4% 左右，有三种存在形态，即原果胶（不溶性的）、水溶性果胶和果胶酸。嫩叶中水溶性果胶和果胶酸较多，水溶性果胶可增加茶汤的甜味、香味和厚度，有黏稠性，有利于揉捻加工。老叶中果胶物质总量高于嫩叶，但水溶性果胶少，叶质坚硬，难以揉捻成型。

4. 茶叶中的色素类物质

茶叶中的色素类物质包括天然色素和加工过程中形成的色素两类。

（1）茶叶中的天然色素（图 3-31）。

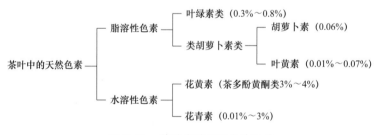

图 3-31 茶叶中的天然色素分类

类脂是生物体内类似于油脂能用有机溶剂提取的物质，其包含物质种类很多，叶绿素、类胡萝卜素都属于类脂类化合物，这类物质在制茶中对茶叶的汤色、香气、滋味有很重要的影响。

叶绿素是植物光合作用的产物，其结构是含有四个吡咯环的卟啉衍生物，中央是镁原子。叶绿素属脂溶性色素，不溶于水，主要影响干茶和叶底的颜色。茶树中叶绿素的含量与生长时间长短和生长环境有密切关系，早春嫩芽叶绿素含量低，绿茶干茶为嫩黄绿色，后期为翠绿、深绿色，直至墨绿色。茶叶中的叶绿素主要有叶绿素 a 和叶绿素 b

两种。叶绿素 a 含量为叶绿素 b 的 2 ～ 3 倍。叶绿素 a 呈蓝绿色；叶绿素 b 呈黄绿色。叶绿素很不稳定，在光、热、酸、碱、氧等条件下，都易分解。叶绿素 a 比叶绿素 b 更易变质。茶叶在加工过程中，叶绿素的变化反应类型主要有以下几种。

1）脱镁反应。在有机酸的参与下，叶绿素遇热发生脱镁反应，生成脱镁叶绿素或焦脱镁叶绿素（脂溶性），颜色变成橄榄绿甚至褐色。

2）水解反应。在水解酶的作用下，叶绿素水解成叶绿酸甲酯和叶绿醇，叶绿醇为绿色，易溶于水。虽然在叶片中叶绿素水解程度不大，但水解产物对绿茶汤色有正面的影响。

3）氧化反应。茶叶在加工储藏过程中，受光催化影响，叶绿素会氧化分解，产物为有机酸类。因此，绿茶储藏要避光密封，保存不好的茶叶会变色。

类胡萝卜素是一类由黄色到橙红色的脂溶性有机化合物，分子结构中有多个共轭双键，含有四个 $C_{10}H_{16}$（萜）。茶叶中的类胡萝卜素主要有胡萝卜素（含量约为 0.06%）及其衍生物叶黄素（含量为 0.01% ～ 0.07%）。胡萝卜素有 α、β、γ 三种，叶黄素有黄体素、玉米黄素和隐黄素等。在红茶制作中，类胡萝卜素中的 α、β 紫罗兰酮，经氧化变成系列具有花香、甜香和温和甜美的物质，红茶发酵过度，物质又发生转化，香气低闷。茶叶中类胡萝卜素不仅对茶叶香气有极好的影响，而且是维生素 A 源，在人体内可转化成维生素 A，维生素 A 对视力有好处，故"饮茶能明目"。高山茶叶比平地茶叶中类胡萝卜素高，所以"自古高山出好茶"。类胡萝卜素主要在幼嫩芽叶中形成，这也是幼嫩芽叶香气高的原因之一。

茶叶中脂溶性色素——叶绿素的绿色会掩盖类胡萝卜素的黄色，一旦加工过程中叶绿素破坏过多，类胡萝卜素的黄色就会显露出来，因此，绿茶在加工过程中要尽量减少叶绿素的破坏，避免长时间高温、高湿。

茶叶中的天然水溶性色素包括花黄素（黄酮类）和花青素类等，都是多酚类物质，前面已经讲过，这里不再赘述。

（2）茶叶加工过程中形成的色素。茶叶在加工过程中形成的色素主要是儿茶素类物质的氧化产物，包括茶黄素、茶红素、茶褐素等。儿茶素是几近白色的固体，性质极不稳定，非常容易被空气中的氧气氧化而变色，且这种氧化反应是递进产生的，越前面的物质越不稳定，逐步氧化生成后面的物质。茶黄素是红茶汤色"亮"、形成"金圈"的主要物质，茶红素是构成红茶"红汤红叶"的重要物质基础，茶褐素存在于红茶、乌龙茶和黑茶中。红茶中茶褐素过多，造成汤色发暗、无收敛性。茶褐素是形成普洱茶独特汤色和滋味的重要物质，普洱干茶中茶褐素高达 10% ～ 14%。

茶黄素、茶红素、茶褐素具有很多生理活性，能够抗氧化、抗癌、消炎抑菌、预防心血管疾病、降脂减肥、降血糖等，具有潜在的开发利用价值。

绿茶加工中要控制多酚类物质的氧化，但不是绝对没有，因此，茶多酚的初级氧化产物对绿茶的汤色会有或多或少的影响。绿茶茶汤放置时间过长，会逐渐产生茶黄素、茶红素、茶褐素，茶汤颜色由绿到黄、到红、到褐，茶多酚的氧化程度逐渐加深。

5. 茶叶中的维生素类物质

维生素是人体维持生命活动所必需的微量有机物，人体自身不能合成，植物是人体维生素的主要来源。不同维生素具有不同的生理功能，虽然人体生理需要量极微，但如果缺乏，机体就会生病，乃至死亡。维生素有水溶性（B 族、C）和脂溶性（A、D、E、K）之分，茶叶中维生素的含量比较丰富，占干物质总量的 0.6% ～ 1%。

茶叶中水溶性维生素的含量丰富，顶芽含量最高，依次是第一叶、第二叶，随叶片成熟度增加而逐渐降低。维生素 C 又称抗坏血酸，还原性强，能被空气中的氧自然氧化而变质。茶叶冲泡时，维生素 C 几乎可以全部进入茶汤，但很容易被破坏，要使茶汤中保留更多的维生素 C，冲泡水温不能过高，冲泡时间不能过长。B 族维生素在茶叶中含量很高，尤其是维生素 B_2 是一般粮食、蔬菜中的 10 ～ 20 倍。因此，经常饮茶是补充维生素的有效办法。

茶叶中脂溶性维生素种类很多，其中，维生素 E 含量高于一般蔬菜、水果。维生素 E 又称生育酚，也具有很强的还原性。维生素 A 存在于动物性食品中，植物中只存在维生素 A 源，茶叶中的类胡萝卜素丰富，在人体中可转化为维生素 A。

不同茶叶，因加工工艺不同，维生素含量也不同。绿茶是维生素保存最多的茶类，与其他食品相比，绿茶中维生素 C 的含量较高，可达 100 ～ 500 mg/100 g，依次是乌龙茶（100 mg/100 g）、红茶（＜ 50 mg/100 g），黑茶则更低。

茶叶中的酚类物质、维生素 C、维生素 E 都是天然的抗氧剂，既可以相互保护，又可以保护茶叶中一些易被氧化的物质。经常饮茶，这些抗氧成分还能清除人体自由基，起到延缓衰老的作用。

6. 茶叶中的酶

酶是具有生物催化活性的蛋白质，有单纯酶（单纯由蛋白质构成）和结合酶（蛋白质与非蛋白部分结合）两种类型，大多数酶属于结合酶。若非蛋白部分与酶结合得非常牢固，非蛋白部分称为酶的辅基，辅基是金属元素或小分子有机物；若非蛋白部分与酶结合得比较松散，容易分离，这种非蛋白部分称为辅酶。酶催化反应的特点是温和性、高效性、专一性。酶是蛋白质，具有一般蛋白质的特性，在高温条件下会变性失活。

茶树的生长发育及茶叶加工过程都离不开酶的参与，主要有氧化还原酶类、转移酶类、水解酶类、异构酶类、裂解酶类。下面介绍茶叶制作中两种重要的酶。

（1）多酚氧化酶。多酚氧化酶属于氧化还原酶，其辅基是 Cu^{2+}，其作用底物为儿茶素，最适 pH 值为 5.7，最适反应温度为 35 ℃，在 15 ℃～ 55 ℃范围内，该酶的活性随温度升高而增强。在制茶中，多酚氧化酶对茶叶品质形成有重要影响，绿茶的"清汤绿叶"、红茶的"红汤红叶"、青茶的"绿叶红边"、白茶的"绿叶红筋"，都是由于制茶技术的不同，多酚氧化酶在氧化还原反应中作用程度不同，形成不同的茶叶品质特点。在幼嫩芽叶和嫩茎内，多酚氧化酶含量高、活性强，老叶则少而弱，夏季新梢＞春季新梢＞秋季新梢。

（2）水解酶类。有机物的水解反应速率较慢，酶的参与会加快反应速率。

$$A\!-\!B + H_2O \underset{}{\overset{酶}{\rightleftharpoons}} A\!-\!H + B\!-\!OH$$

茶叶中水解酶的种类很多，按水解的化学键不同，可分为很多亚类：水解肽键的有蛋白酶类、水解油脂的有酯酶类、水解糖苷的有淀粉酶类、水解酰胺的有脲酶等。茶树在生长发育中，各种水解酶都活跃存在，如叶绿素酶、酯酶、肽酶、果胶甲酯酶、茶氨酸合成酶等。茶叶被采摘后，正常的代谢受阻，丧失光合作用能力，呼吸作用加剧，鲜叶内分解作用远大于合成作用，各种水解酶活性增强，大分子有机物不断被水解为小分子有机物，对形成茶叶品质打下基础。例如：在果胶裂解酶（水解糖苷键）的作用下，果胶水解为果胶酸；在花青素酶的作用下，水解 β - 葡萄糖与花青素结合的糖苷键，生成葡萄糖和花青素；在蛋白酶的作用下，蛋白质水解为多肽或氨基酸；在叶绿素酶作用下，叶绿素水解为叶绿酸甲酯和叶绿醇。

7. 茶叶中的矿物元素

茶树是多年生木本植物，生长过程中选择性地从土壤和环境中富集多种矿物元素，茶叶中矿物元素占干物质质量的 4.2% ～ 6.2%。茶树不同部位的矿物元素存在差异，茶叶中矿物元素的种类及含量高低主要取决于土壤基质、施肥水平及品种。茶叶经 550 ℃以上的高温灼烧灰化后残留下来的物质主要是矿物元素的氧化物和碳酸盐，称为"总灰分"，《地理标志产品　恩施玉露》（DB42/T 351—2010）要求总灰分 ≤ 6.5%。

钾（K）是茶叶中含量最高的矿物元素，约占矿物元素总量的 50%。与其他植物相比，茶叶中的铝（Al）、锰（Mn）、铁（Fe）等元素含量相对较高，钙（Ca）含量相对较低。值得注意的是，铝（Al）、氟（F）、硒（Se）三种元素并非茶树生长所必需，但在茶叶中含量较高。在一些富硒（Se）、富锌（Zn）地区，绿茶中的硒、锌含量很高。茶树是富硒能力很强的植物，茶叶中 80% 以上是有机硒，因此，茶叶是理想的天然硒源。恩施硒资源丰富，号称"世界硒都"，恩施富硒茶享誉世界（恩施硒茶团体标准：含硒 ≥ 0.075 mg/kg；富硒 ≥ 0.150 mg/kg；富有机硒 0.200 ～ 5.00 mg/kg，有机硒 ≥ 总硒的 80%）。

茶叶中具有人体所必需的所有矿物元素，而且有的元素含量较高，并且冲泡时大部分可溶于热水进入茶汤，饮茶可以满足人体日需量 5% ～ 20% 的矿物元素，少数元素只要通过饮茶就可以满足日需量，饮茶是人体矿物元素摄取的重要途径。

8. 茶叶中的香气物质

茶叶中的香气物质即挥发性油状成分，又称为芳香油，在茶叶中含量并不高，仅占干物质总量的 0.005% ～ 0.03%，但数量庞大，有近千种，类别繁多，包括烷烃、烯烃、醇、醛、酮、酸、酯、芳香族化合物、杂环化合物等。

虽然香气物质在茶叶中含量占比较低，但对茶叶的品质影响巨大。一般来说，香气好的茶叶，滋味必然好。著名的香气专家山西贞博士认为"滋味和香气乃是茶叶的命根子"。

茶叶中香气物质主要产生于鲜叶及加工过程，成品茶大部分香气物质在鲜叶中存在，但加工后种类和数量发生了极大的变化，不同的加工工艺及不同种类的茶，香气成分相差很大。鲜叶是基础，加工是关键。

鲜叶中芳香成分的种类和含量因茶树品种、叶质老嫩、季节变化、地区差异、农业技术等因素的不同而有差异，以醇类为主，其次是醛、酮、酸、酯、杂环化合物等，且多为低沸点（< 200 ℃）的，经杀青等加工工序挥发或转化后，高沸点的芳香油得以显露。下面介绍鲜叶中几类有代表性的香气成分。

（1）醇类。鲜叶中醇类芳香物质分为脂肪醇、芳香醇、萜烯醇三类。脂肪醇一般沸点低，易挥发，如甲醇、乙醇、顺 -3- 己烯醇等；芳香醇含有苯环结构，往往沸点高，具有花果香，如苯甲醇、苯乙醇等；萜烯醇是萜烯的含氧衍生物，具有异戊二烯结构单元，往往具有令人愉悦的芳香气味，呈浓郁的花香、果香及甜香，如香叶醇及异构体橙花醇、芳樟醇及异构体香茅醇等。

1）青叶醇：3- 己烯醇，结构简式 CH_3CH_2CH＝$CHCH_2CH_2OH$，占鲜叶芳香油总量的 60%，占沸点 200 ℃以内挥发性化合物总和的 80%，有顺式和反式两种同分异构体。顺式青叶醇（顺 -3- 己烯醇）占鲜叶青叶醇总量的 94% ～ 97%，反式青叶醇（反 -3- 己烯醇）占 3% ～ 7%。顺式青叶醇为无色油状液体，沸点为 157 ℃，易挥发，具有强烈的青草气，能在酶或热力作用下发生异构化，生成反式青叶醇，带有清香，这是茶叶由"清臭气"变为"清香气"的根本原因。

2）香叶醇：又称"牻牛儿醇"，反 -2，6- 二甲基 -2，6- 辛二烯 -8- 醇，无色油状液体，带玫瑰花香气，沸点为 230 ℃。香叶醇占鲜叶芳香油总量的 20% ～ 30%，其顺式异构体为橙花醇，具有类似香叶醇而更加华丽新鲜的香气。

3）芳樟醇：又称"沉香醇""里那醇"等，3，7- 二甲基 -1，6- 辛二烯 -3- 醇，因存在手性碳原子，天然提取的芳樟醇为其旋光异构体的混合物（消旋体）。芳樟醇为无色油状液体，具有浓青带甜的木香气息，沸点为 195 ℃～ 200 ℃，其含量约占鲜叶芳香油的 17%。

（2）醛类。鲜叶中含有一定数量的醛类物质，约占芳香油总量的 3%，大部分为低沸点的低碳醛，如乙醛、正丁醛、异丁醛、正戊醛、异戊醛等，具有不愉快的气味，由于醛基较活泼，在茶叶制作过程中，部分随水蒸气挥发，部分参与香气和滋味物质的形成，如乙醛参与茉莉酮的形成。

茶叶在加工过程中，醛类物质可由其他物质转化而来，成品茶中醛类物质含量高于鲜叶，如牻牛儿醇氧化成柠檬醛、单糖受热脱水生成糠醛、苯丙氨酸脱氨脱羧成苯乙醛、儿茶素的氧化产物邻醌与氨基酸结合生产醛类物质等。

醛类物质对茶叶不同风味香型的形成起重要作用，下面介绍几种醛类物质。

1）柠檬醛：淡黄色油状液体，沸点为 228 ℃，有柠檬芳香，对空气、日光不稳定，会变色，茶叶中合成紫罗兰香酮的原料。

2）苯乙醛：无色或淡黄色油状液体，沸点为 206 ℃，有玫瑰及类似风信子的香味，稀释后具有水果的甜香气，对茶叶的花香具有较大贡献。

3）糠醛：茶叶中的常见杂环醛，又称 2- 呋喃甲醛，无色透明油状液体，沸点为 161.7 ℃，有类似于甲醛的特殊气味，是绿茶烘炒香的主要来源之一。

4）香茅醛：无色或淡黄色油状液体，沸点为 205 ℃～ 208 ℃，清新、草本及柑橘香。

（3）酮、酯、羧酸类。鲜叶中的酮类物质和酯类物质含量很少，绝大部分是在加工过程中形成的，如茉莉酮、紫罗兰酮、乙酸乙酯、苯甲酸甲酯等。鲜叶中的羧酸类物质一部分为茶树物质代谢过程中的中间产物，如乙酸、草酸、丙酮酸、苹果酸、没食子酸等，具有刺激性气味，本身对茶叶香气不利，但适度的酸性环境也为茶叶中很多化学反应创造了条件，如水解反应、多酚类的氧化等。在茶叶加工过程中，有些酸可以直接挥发掉，有些酸与醇类物质发生酯化反应，有些异构化对茶叶香气的形成具有重要的作用，如顺 -3- 己烯酸（汗臭）异构成反 -3- 己烯酸（水果香）。

二、恩施玉露色香味形成原理

（一）构成恩施玉露色香味的物质基础

依据前面讲述的"与茶叶品质相关的重要物质"内容，结合恩施玉露的加工特点，现对影响恩施玉露色香味的物质归纳总结如下。

1. 影响恩施玉露色泽的物质

恩施玉露属蒸青绿茶，色泽要求具备"三绿"，即外形油润翠绿、汤色碧绿、叶底嫩绿。

影响恩施玉露干茶颜色和叶底颜色的主要物质：叶绿素、类胡萝卜素（胡萝卜素、叶黄素）。控制因素：多酚氧化产物。

影响恩施玉露汤色的主要物质：黄酮类物质（花黄素）。次要物质：叶绿素水解产物、花青素。控制因素：多酚氧化产物。

2. 构成恩施玉露香气的物质

感官审评，按照传统工艺加工的恩施玉露应为"清香型"，其内含物质成分复杂，而且变化因素众多，与茶树品种、采收时间、农业措施、加工工艺等因素密切相关。

余志等（2015年）用龙井43一芽一叶鲜叶，比较手工与机械连续化工艺制作恩施玉露，对其香气物质进行对比分析，分别检测出香气物质111种和86种，具体如下。

（1）手工制作的茶样主要物质有：2，2-二甲氧基丙烷、糠醛、2-甲氧基-2，4，4-三甲基戊烷、2-甲基-1，3-氧硫杂环戊烷、1，3，5，7-环辛四烯、2-乙硫基丙烷、2-甲基环己醇、苯甲醇、苯乙醛、苯乙酮、1-辛醇、芳樟醇、壬醛、3，4-二羟基-3，4-二甲基-2，5-己二酮、（E，Z）-2，6-壬二烯、E-2-己烯基苯甲酸、2-甲基萘、香叶酸、n-癸酸、丁酸-顺-3-己烯酯、（Z）-3-甲基-2-（2-戊烯基）-2-环戊烯、α-荜澄茄油烯、壬酸、2-甲基-6-甲基-2-辛醇、癸酸甲基酯、5，14-二丁基十八烷等。

（2）机制茶样主要物质有：3，4-二甲基-1-戊醇、2-甲氧基-3-甲基丁烷、糠醛、1-辛醇、1，3，5，7-环辛四烯、苯乙烯、庚醛、庚酸、苯乙醛、苯甲醛、2-戊基呋喃、8-甲基-2-呋喃基辛酸、3-亚甲基-1，7-辛二烯、苯甲醇、2，3，3-三甲基戊烷、苯乙酮、1-辛醇、反芳樟醇氧化物、7-甲基-4-辛醇、芳樟醇、原丁酸三甲酯、薄荷醇、1-丙氧基己烷、2-（3-甲基-1，3-丁二烯）-1，3，3三甲基-1-环己醇、（E，Z）-2，6-壬二烯、3-乙基-2-甲基-1-戊烯-3-醇、E-2-己烯基苯甲酸、草酸烯丙基辛酯、丁酸-顺-3-己烯酯、4-（2，6，6三甲基-1-环己烯-1-基）-3-丁烯、2-甲基-3-癸醇、雪松醇、2，2-二甲基-丙酸-2-异辛酯、5，14-二丁基十八烷、癸酸甲基酯、丁基-邻苯二甲酸-4-辛酯、2-噻吩酸-2-乙基己酯、戊酸-2-己烯酯、3，6-庚酮、2，3-二甲基-1-戊醇等。

对试验结果进行分析，恩施玉露茶叶香气物质种类包括烷烃、醇、醛、酮、酸、酯、萜烯、杂环等，因加工工艺的不同，具体物质种类及数量差别较大，无法找出手工与机制的规律性差异。

恩施玉露与炒青绿茶感官审评在香型上存在明显差异，从理化分析角度分析具体存在哪些特征的香气成分或组合，有待进一步深入研究。

3. 形成恩施玉露滋味的物质

茶汤滋味有涩、苦、鲜、甜、酸、咸六大类，体现恩施玉露滋味特点的主要是涩、苦、鲜三类，其他起协调作用。

（1）涩味物质：涩味是舌头表面的蛋白质被凝固而引起的收敛感觉，不是因为某种物质作用味蕾所产生的味觉反应。茶叶审评上，将有涩味并有回甜的称为收敛性；将有涩味回味仍涩的称为涩味。茶叶中的涩味物质主要是茶多酚，其次也有少量的醛类、草酸、香豆素等。

（2）苦味物质：苦味是呈味物质对舌的刺激，舌的根部对苦味物质感觉最明显。茶叶中的苦味物质主要是生物碱（咖啡碱、茶碱、可可碱），还有少量的酯型儿茶素、花青素类、萜类和苷类物质等。

（3）鲜味物质：茶叶中的茶氨酸、谷氨酸、缬氨酸、蛋氨酸、精氨酸、天冬氨酸都带有很强的鲜味。茶叶审评上，"鲜爽"是描述优质茶的术语，表示鲜而不腻。

（4）甜味物质：茶叶中的甜味物质主要有两类，一是游离糖类：果糖、葡萄糖、β-L-鼠李糖、α-D-甘露糖、麦芽糖、棉子糖和一些小分子低聚糖。二是氨基酸类：甘氨酸、L-丙氨酸、L-羟脯氨酸及几种 D 型氨基酸。甜味物质在茶汤中总量不高，不是滋味的主体，但能抑制苦味和涩味，起调和作用。

（5）酸味物质：茶叶中的酸味物质同样不是主体，起调味作用，有柠檬酸、苹果酸、没食子酸、抗坏血酸和其他羧酸类化合物，还有一些酸性氨基酸，如谷氨酸、天冬氨酸等。

（6）咸味物质：一些矿物盐的负离子如 Cl^- 等具有咸味，含量很低，当然也被其他滋味掩盖。

茶汤滋味是由许多物质组成和综合协调的结果，是一种"模糊的味"概念，茶的干物质中儿茶素和咖啡碱两类物质含量都较高时，其茶汤滋味并非又苦又涩，咖啡碱与儿茶素形成氢键，比例恰当，苦、涩味相互抵消，滋味醇和，这是优质茶的体现。

（二）恩施玉露传统加工工艺对其品质的潜在影响

1. 炒青绿茶的杀青工艺对比恩施玉露蒸汽杀青、扇干水汽、炒头毛火工艺

杀青是绿茶制作的关键工序。炒青绿茶杀青的目的有三个：一是通过高温钝化酶的活性，制止茶多酚的酶促氧化（杀青）；二是蒸发鲜叶部分水分，便于后续做形加工（脱水）；三是散发青草气，发展茶香，促进绿茶品质形成（增香）。炒青绿茶杀青一道工序，恩施玉露需要蒸汽杀青（杀青）、扇干水汽、炒头毛火（脱水）三道工序来完成，因此，工艺过程及参数的不同，可能造成茶叶内含成分的不同，具体分析如下。

（1）温度高低的不同。炒青绿茶的杀青和脱水是在同一设备、同一温度环境下进行的，锅温很高，一般在 200 ℃以上，有时超过 300 ℃或更高。恩施玉露杀青和脱水是分开进行的，传统工艺采用常压饱和蒸汽杀青，蒸汽温度不超过 100 ℃，脱水（炒头毛火）在焙炉上手工操作，温度也不能太高，一般不超过 180 ℃。温度越高，低沸点的香气成分挥发得越多，高沸点的香气成分易形成和显露，因此恩施玉露与炒青绿茶在香气类型上有差别，炒青绿茶属高香型，恩施玉露属清香型。温度高也有缺点，维生素类物质在高温下破坏严重。

（2）湿热环境的不同。炒青绿茶杀青温度高、时间短、鲜叶受热不均匀，采用闷、抛等技术措施，叶绿素破坏较多，叶色泛黄；蒸汽杀青蒸汽穿透性强，鲜叶受热均匀，虽温度不高，但杀青时间短，叶色更绿。另外，恩施玉露炒头毛火的温度不高，要使在制茶叶达到与炒青相同的含水率，时间就会延长。从蒸汽杀青、扇干水汽到炒头毛火，茶叶长时处于湿热状态，其内含成分转化会有很大差别，多糖、蛋白质、酯型儿茶素、苷类等物质水解程度更大，茶叶的滋味会更醇。

2.焙炉热揉与机器冷揉的差别

炒青绿茶揉捻步骤一般在机器上完成，属冷揉。恩施玉露传统制作，头毛火叶水分含量较高，揉捻在焙炉上进行，焙炉温度为 90 ℃左右，属热揉。热揉不仅可以起到散失部分水分的作用，而且这种边揉边干燥的操作特别有利于茶叶内含成分的转化。反应类型除上述湿热条件下水解反应外，随着茶叶细胞的破裂，茶汁的外溢，遇空气发生氧化、聚合等化学反应，促进了茶叶香气滋味物质的形成。

陈玉琼等（1997 年）针对冷揉、余热揉、热揉三种揉捻方式对茶叶品质的影响做了对比分析，提出热揉可明显提高茶叶氨基酸、可溶性糖的含量，降低茶多酚的含量。

除上述差异外，恩施玉露在做形干燥过程中，使用的工具、加工环境、时间温度等因素都与炒青绿茶不尽相同，其成品茶的品质差异就更明显了。因此，要保持传统恩施玉露茶叶的品质特征，研究、保护、传承恩施玉露制作技艺，意义重大。

参考答案

测一测

一、填空题

1.上等的恩施玉露要求做到"三绿"，即干茶色泽_____，茶汤色泽_____，叶底色泽_____。

2.多酚类物质主要集中在茶树新梢的幼嫩部分，其主要组分是_____，含量约占多酚类总量的_____。

3.茶叶冲泡后放置过程中，茶汤颜色会逐渐变成黄色、红色，直至褐色，是由于_____所造成的。

4.茶树新梢中常出现的紫芽与_____含量高有关，在强光、高温和其他恶劣环境（贫瘠、干旱）条件下，茶叶中_____含量也较高。

5.恩施玉露滋味丰富多彩，但主体滋味是_____。

6.蛋白质水解的最终水解产物是_____，是茶叶中_____味物质的主要来源。

7.绿茶加工过程中，茶叶产生的高火味、焦煳味，是由于_____控制不当造成的。

8.茶叶中内含的生物碱主要有_____。

二、单选题

1.恩施玉露传统制作技艺，包括鲜叶摊青、蒸汽杀青、扇干水汽、（　　）、揉捻、铲二毛火、整形上光、焙火提香、拣选九道工序。

　　A.炒头毛火　　　B.炒足火　　　　C.干燥　　　　D.初烘

2. 蒸汽杀青适度的茶叶，其表面水会（　　　）。

　　A. 减少 6% ～ 10%　　　　　　　　　B. 增加 6% ～ 10%

　　C. 减少 30%　　　　　　　　　　　　D. 增加 30%

3. 扇干水汽的目的是（　　　）和降低叶温，以免茶叶叶黄、汤浑、香味熟闷。

　　A. 发展香气　　　　　　　　　　　　B. 破坏叶细胞

　　C. 蒸发蒸青叶表面水　　　　　　　　D. "发酵"

4. 恩施玉露传统制作技艺炒头毛火焙炉炉盘盘面的温度是（　　　）℃。

　　A. 200　　　　　　B. 220　　　　　　C. 100　　　　　　D. 140

5. 恩施玉露传统工艺蒸汽杀青的时间一般为（　　　），即可达到适宜程度。

　　A. 30 s 左右　　　B. 40 ～ 50 s　　　C. 40 ～ 50 min　　　D. 40 min 左右

6. 恩施玉露传统制作工艺的揉捻所使用的工具是（　　　）。

　　A. 簸箕　　　　　　B. 揉捻机　　　　　C. 焙炉　　　　　　D. 晒席

7. 恩施玉露传统制作工艺的揉捻操作手法有回转揉和（　　　）两种揉捻手法。

　　A. 滚团揉　　　　　B. 对揉　　　　　　C. 双把揉　　　　　D. 单把揉

8. 当茶叶香气浓厚，梗折脆断、叶捻成末，含水量大约在（　　　）时即可下灶。

　　A. 2%　　　　　　B. 5.5%　　　　　　C. 10%　　　　　　D. 12%

9. 当茶条呈细长圆形，色泽油绿，茶团柔软，茶条既不黏手又不相互粘连成团，含水量约（　　　），即通常所说的七成到七成半干度时，再转为依托搓。

　　A. 20%　　　　　　B. 25% ～ 30%　　　C. 5.5%　　　　　　D. 50%

10. 按照绿茶加工工序分，茶叶加工机械包括鲜叶摊放机械、（　　　）机械、揉捻机械、干燥机械等。

　　A. 杀青　　　　　　B. 炒干　　　　　　C. 筛分　　　　　　D. 提香

11. 茶叶品饮之前先观色，茶叶的色泽包括（　　　）三个方面。

　　A. 干茶色泽、汤色和透明度　　　　　B. 干茶色泽、汤色和叶底色泽

　　C. 干茶色泽、叶底色泽和清澈度　　　D. 干茶色泽、汤色和昏暗度

12. 茶叶机械用电时，应先打开（　　　）。

　　A. 总开关　　　B. 分路开关　　　C. 茶叶机械开关　　D. 没有要求

13. 茶叶杀青机械的类别代号为（　　　）。

　　A. 6S　　　　　　B. 6CS　　　　　　C. 6SQ　　　　　　D. 6Q

14. 茶叶机械要停止用电时，应先关闭（　　　）。

　　A. 总开关　　　　B. 分路开关　　　C. 茶叶机械开关　　D. 没有要求

15. 茶叶加工机械工作时有不正常的声音时，应（　　　）。

　　A. 立刻检查，消除故障

　　B. 及时停机后检查，消除故障后再继续工作

C. 置之不理，视为正常

D. 先远离机械，立刻联系专业的工作人员

16. 名茶理条机多槽锅的运动方式为（　　）。

A. 上下　　　　B. 往复　　　　　　　C. 抖动　　　　　　D. 跳动

17. 名茶理条机理条作业的主要工作部件是（　　）。

A. 多槽锅　　　B. 偏心轮　　　　　　C. 热源装置　　　　D. 传动机构

18. 调节自动链板式茶叶烘干机的热风温度，采用调节（　　）。

A. 摊叶厚度　　B. 链板速度　　　　　C 热风风门　　　　D. 出叶量

19. 调节自动链板式茶叶烘干机的出叶时间，采用调节（　　）。

A. 摊叶厚度　　B. 链板速度　　　　　C. 热风风门　　　　D. 出叶量

20. 下列（　　）采用蒸汽杀青方式。

A. 黄山毛峰　　B. 敬亭绿雪　　　　　C. 信阳毛尖　　　　D. 恩施玉露

21. 根据揉捻机回转速度对揉捻运动的影响，揉捻一般正常转速为（　　）r/min。

A. 30　　　　　B. 50　　　　　　　　C. 60　　　　　　　D. 80

22. 揉捻机的型号多，以（　　）区分。

A. 揉桶高低　　B. 揉桶直径　　　　　C. 装叶量　　　　　D. 制作材料

23. 茶叶烘焙时形成的蜜糖香常产生于（　　）。

A. 低温长烘过程　　　　　　　　　　　B. 高温长烘过程

C. 低温短烘过程　　　　　　　　　　　D. 高温短烘过程

24. 以下物质中，（　　）不是影响茶叶色泽的成分。

A. 叶绿素　　　B. 茶氨酸　　　　　　C. 茶黄素　　　　　D. 胡萝卜素

25. 茶叶中糖类物质的含量占茶叶干物质总量的比例是（　　）。

A. 5%～10%　　B. 10%～15%　　　　　C. 15%～20%　　　　D. 20%～25%

26. 茶叶鲜味的主要物质是（　　）。

A. 花青素　　　B. 维生素　　　　　　C. 氨基酸　　　　　D. 咖啡碱

27. 茶叶储存受到（　　）的影响，茶叶中的色素、脂类等物质会发生化学反应。

A. 水的浸泡　　B. 光的照射　　　　　C. 低温　　　　　　D. 噪声

28. 茶叶中的涩味物质主要是（　　）。

A. 蛋白质　　　B. 粗纤维　　　　　　C. 茶多酚　　　　　D. 氨基酸

29. 茶叶的香气类型主要由茶树的品种、鲜叶质量、（　　）决定。

A. 采摘季节　　　　　　　　　　　　　B. 制茶工艺

C. 采摘季节及制茶工艺　　　　　　　　D. 茶树种植环境

30. 咖啡碱是构成茶汤滋味的重要物质，茶汤中咖啡碱的含量过多会产生（　　）。

A. 酸味　　　　B. 甜味　　　　　　　C. 苦味　　　　　　D. 涩味

31. 在茶叶加工过程中，酯型儿茶素转变为非酯型儿茶素，使茶叶（　　）。

　　A. 增加了苦涩味　　　　　　　　　　　　B. 降低了苦涩味

　　C. 增加了鲜爽度　　　　　　　D. 降低了鲜爽度

32. 关于茶叶水浸出物说法，下列错误的是（　　）。

　　A. 茶叶经高温灼烧后所得的残留物称为水浸出物

　　B. 与鲜叶老嫩、茶树品种、栽培条件、制茶技术、冲泡水量、冲泡时间均有关

　　C. 茶叶水浸出物的多少与茶叶品质呈正相关

　　D. 茶叶出口时，其水浸出物的含量一般在贸易合同中做出规定

三、判断题

1. 恩施玉露传统制作技艺整形上光是由单人手工在焙炉上搓转完成，全过程分为两个阶段，第一个阶段称为悬手搓，第二个阶段称为依托搓。（　　）

2. 恩施玉露手工制作技艺焙火提香焙笼温度控制在 60 ℃～ 70 ℃；一般每笼烘茶3 ～ 4 斤，时间需要 60 ～ 90 min。中途不需要翻动茶叶。（　　）

3. 悬手搓是将茶叶在温度为 80 ℃～ 100 ℃的焙炉炉盘盘面上进行搓制。其操作有"搂、端、搓、扎"四大手法。（　　）

4. 悬手搓和依托搓可以用理条机替代。因为此机器也可制作出恩施玉露的针形外形。（　　）

5. 铲二毛火叶卸下焙炉之后，一定要快速均匀薄摊，扇风散热降温，使叶内的水分重新均匀分布，有利于下一步整形上光。（　　）

6. 恩施玉露手工制作技艺通过蒸汽杀青适度的蒸青叶表面水下降6%～ 10%。（　　）

7. 冷却回潮和摊凉不是恩施玉露制作的关键工序，因此，在实际生产中为可有可无的工序。（　　）

8. 鲜叶不经摊放，直接从蒸青开始进行恩施玉露的制作，也是可以的。（　　）

9. 恩施玉露传统制作技艺所用工具主要为蒸青灶和焙炉。（　　）

10. 手工和机械结合制作恩施玉露是切实可行的。（　　）

11. 滚筒杀青机以煤、柴、电为主要热源。（　　）

12. 茶叶机械加工设备的调试包括两个方面，即茶叶机械加工设备的运行调试和对茶叶机械加工做符合（工艺、工序）性要求调试。（　　）

13. 揉捻结束后不必清洗揉盘后揉桶壁上的残余茶叶和茶汁。（　　）

14. 每年茶季结束后，要认真做好各类茶叶机械的保养和维护。（　　）

15. 多槽锅是名茶理条机的主要工作部件。（　　）

16. 名优茶加工中理条机一般都有加热装置，其主要作用是提高茶叶香气。（　　）

17. 茶叶烘干机主要有手拉百叶式烘干机和自动链板式烘干机。（　　）

18. 茶叶杀青机械包括锅式杀青机、滚筒杀青机、槽式杀青机、蒸汽杀青机和微波

杀青机等。（　　　）

19. 蒸汽杀青绿茶比炒青绿茶色泽更绿，主要原因是蒸汽杀青温度比锅炒杀青温度高。（　　　）

20. 通过烘焙可以降低茶叶的含水率，提升茶叶香气。（　　　）

21 茶树鲜叶中蛋白质含量的变化趋势是幼嫩叶小于成熟叶。（　　　）

22. 恩施玉露在加工过程中，叶绿素破坏会影响干茶的颜色，对茶汤和叶底颜色没有影响。（　　　）

23. 茶叶冲泡过程中，类胡萝卜素不会溶入水中，几乎不影响茶汤颜色。（　　　）

24. 黄酮类物质又称"花黄素"，多为黄色，易溶于水，是恩施玉露汤色浅黄绿色的主体。（　　　）

25. 加工恩施玉露，可以采用紫色芽叶作为原料。（　　　）

26. 绿茶的香气与茶树品种、茶树生长环境、生产加工工艺有关。（　　　）

27. 茶叶中的主要氨基酸是茶氨酸，氨基酸具有鲜爽味，少数氨基酸也具有甜味。（　　　）

28. 茶汤中的苦味物质来源主要有生物碱类、酯型儿茶素类、花青素类及糖苷类等。（　　　）

29. 饮茶后产生神经兴奋作用的主要物质是茶碱。（　　　）

模块四 恩施玉露感官审评与检验技术

模块介绍

（1）茶叶感官审评是用人的感觉器官评鉴茶叶品质的优劣，正确使用评茶术语并评分。

（2）茶叶检验，就是采用物理和化学的方法手段，对茶叶品质进行鉴定。

（3）本模块主要介绍恩施玉露品质感官审评所需必要条件的要求及评茶步骤，茶叶检验的类型及茶叶出厂检验项目的检测方法。

学习目标

知识目标：

（1）掌握恩施玉露品质审评的程序及操作方法；

（2）学会正确使用绿茶品质审评专用评语，分析恩施玉露品质及形成原理；

（3）通过审评分析能够解决恩施玉露生产中的常见问题；

（4）掌握茶叶出厂检验项目的检测方法，并能独立操作完成。

能力目标：

（1）能运用茶叶感官审评的方法对不同品种、不同产地的恩施玉露品质进行审评，并能指导生产和科学研究；

（2）能运用所学的茶叶检验方法对恩施玉露理化指标的法定检验项目进行检测；

（3）通过学习能达到《评茶员》国家职业技能标准中级评茶员水平。

素养目标：

（1）了解中国是茶叶的故乡，从发现茶到利用茶至今已有4 000多年的历史，茶"发乎神农，闻于鲁周公，兴于唐，盛于宋"，后传入世界各国，增强民族自豪感；

（2）了解到茶有许多有益于人体健康的成分，培养健康意识；

（3）在职业活动中遵守职业道德，提高个人修养。

单元一　恩施玉露感官审评方法

单元导入 ●

恩施玉露属于绿茶类，具有干茶翠绿、茶汤碧绿、叶底嫩绿的品质特征。感官审评是根据视觉、嗅觉、味觉和触觉感受，使用规范的评茶术语，对恩施玉露的形态、嫩度、色泽、香气、滋味等感官特性进行评定，评出茶叶质量的优劣。如何掌握茶叶感官审评方法？如何审评恩施玉露？让我们带着这些问题，开始本单元的学习。

相关知识 ●

一、恩施玉露品质特征

恩施玉露是在地理标志产品保护范围内的自然生态环境条件下，选用适制的优良品种茶树鲜叶，经特定工艺加工而成的挺直如松针、清香型的蒸青针形绿茶。

（一）基本要求

（1）具有恩施玉露自然的品质特征，无劣变、无异味。

（2）洁净，无非茶类夹杂物，各级别不相互混杂。

（3）不着色，不添加任何人工合成的化学物质和香味物质。

（二）感官指标

根据湖北省地方标准《地理标志产品　恩施玉露》（DB42/T 351—2010）规定，恩施玉露可分为特级、一级、二级。恩施玉露感官品质见表4-1。

表4-1　恩施玉露感官品质

等级	项目				
	外形	汤色	香气	滋味	叶底
特级	形似松针、色泽翠绿	清澈、明亮	清香持久	鲜爽、回甘	嫩匀、明亮
一级	紧细挺直、色泽绿润	嫩绿、明亮	清香尚持久	鲜醇、回甜	绿、明亮
二级	挺直、墨绿	绿、明亮	清香	醇和	绿、尚亮

二、恩施玉露品质审评方法

（一）茶叶审评含义

茶叶审评是研究茶叶品质感官鉴定的一门学科。在操作过程中，评茶人员除利用自己正常的触觉、视觉、味觉和嗅觉的辨别能力，来评鉴茶叶内在品质及外形特点外，还要使用到一些规范的器具，利用所掌握的专业知识等，评茶时的环境也会对审评的结果产生一定的影响。为使茶叶品质感官鉴定的结果快速、直观、准确且稳定，需要具备一定的条件和环境，以尽量减小主、客观上的误差，取得茶叶审评的正确结果。

（二）茶叶审评条件

茶叶感官审评除对评茶人员有较高的要求外，对感官审评室的要求、评茶设备、评茶用水等都做了相应的规定标准（图 4–1）。

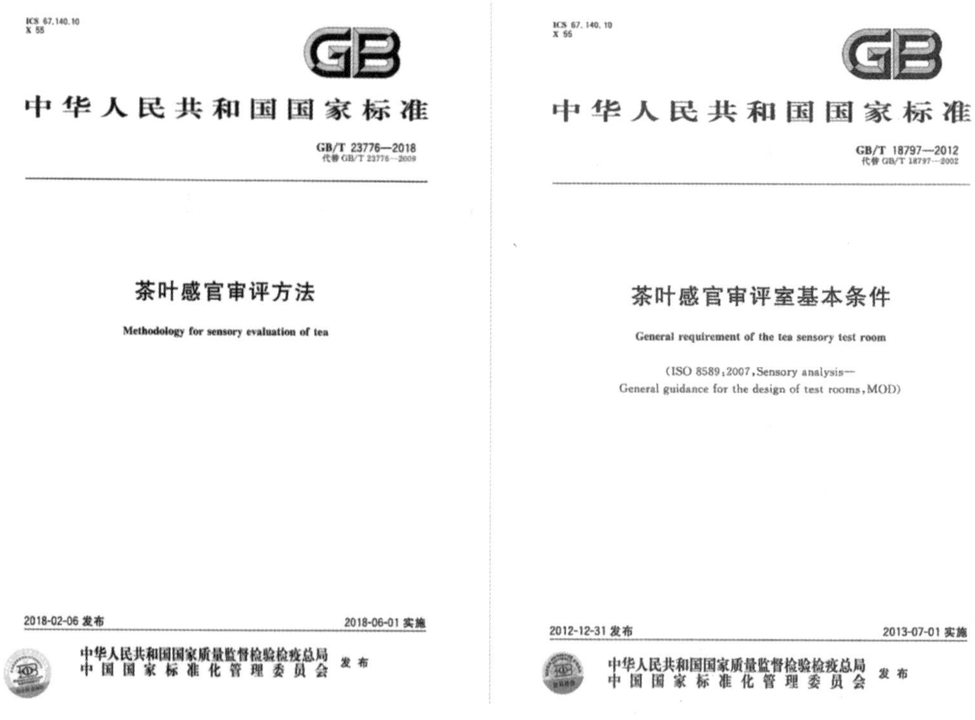
ICS 67.140.10
X 55
GB
中华人民共和国国家标准
GB/T 23776—2018
代替 GB/T 23776—2009
茶叶感官审评方法
Methodology for sensory evaluation of tea
2018-02-06 发布
2018-06-01 实施
中华人民共和国国家质量监督检验检疫总局
中国国家标准化管理委员会
发布

ICS 67.140.10
X 55
GB
中华人民共和国国家标准
GB/T 18797—2012
代替 GB/T 18797—2002
茶叶感官审评室基本条件
General requirement of the tea sensory test room
(ISO 8589:2007, Sensory analysis—
General guidance for the design of test rooms, MOD)
2012-12-31 发布
2013-07-01 实施
中华人民共和国国家质量监督检验检疫总局
中国国家标准化管理委员会
发布

图 4–1　国家标准

1. 审评室的要求

审评室的要求包括环境条件、光线、噪声、温湿度、空气等多个方面的因素。

（1）环境条件：国家标准《茶叶感官审评方法》（GB/T 23776—2018）规定，茶叶感官审评室应坐南朝北，北向开窗采光，以避免阳光直射，影响辨色。窗户宽敞，不能安装有色玻璃。室内色调应为白色或浅灰色，无刺眼的色彩。面积按评茶人数多少和日常工作量的大小而定，最小也不得小于 15 m²。

（2）光线：室内光线应柔和、自然光、明亮，无阳光直射。干评台工作面照度应达到 1 000 lx，湿评台工作面照度不可低于 750 lx。自然光线不足时，应有辅助照明设施。辅助光源光线应均匀、柔和、无投影。

（3）噪声：审评茶叶时，室内要保持安静，噪声不得超过 50 dB。

（4）温湿度：室内温度宜控制为 20 ℃ ±5 ℃，湿度为 70%±5%（空调调节）。

（5）空气：审评室内外都要无任何异味（包括芳香气味和各种异臭气味）干扰。

2. 评茶设备

（1）评茶台。规范的做法，茶叶感官审评应设置两张桌子（图 4-2）。一张桌子用来摆放茶样，对茶叶外形进行审评，称为干评台；另一张桌子用来摆放评茶的审评杯和审评碗，开汤审评茶叶内质所用，称为湿评台。湿评台的桌面也可以设计有出水处，更方便使用。在一般的茶叶审评中，比较规范的做法：干评茶叶外形与湿评茶叶内质要分别在不同的评茶桌上进行。如果条件不允许，则要注意，不能让水弄湿茶样。评茶台规格见表 4-2。

图 4-2　评茶台

表 4-2　评茶台规格

评茶台	台面颜色	台面宽 /mm	台高 /mm
干评台	黑色亚光	600 ～ 750	800 ～ 900
湿评台	白色亚光	450 ～ 500	750 ～ 800

（2）审评杯、审评碗。茶叶感官审评所用的审评杯、审评碗，均为纯白色瓷质，大小、厚薄、色泽一致。审评杯呈圆柱状，容量为 150 mL，具盖，盖上有一小孔。对

应审评杯握把的杯口边沿有三个锯齿形的滤茶口，滤口中心深为 3 mm，宽为 2.5 mm。审评杯配套的审评碗容量为 250 mL，用来盛装茶汤，可以向审评碗中俯视茶汤的颜色。

（3）评茶盘。用来摆放茶样，把盘和摇盘，评看茶叶外形品质。正方形尺寸为 230 mm×230 mm×33 mm，漆成白色，要求无气味。一角开有等腰三角形缺口，上宽 50 mm，下宽 30 mm，便于把盘和将茶样倒入茶样罐。

（4）分样盘。用来均分茶样，漆成白色，要求无气味。正方形尺寸为 320 mm× 320 mm× 35 mm，在两端对角各开一等腰三角形缺口。

（5）叶底盘。黑色小木盘或白色搪瓷盘。小木盘为正方形，尺寸为 100 mm×100 mm× 15 mm，漆成黑色，要求无气味；搪瓷盘为长方形，尺寸为 230 mm×170 mm×30 mm。

评茶用具如图 4-3 所示。

图 4-3　评茶用具

（6）称量秤。天平是茶叶感官审评定量茶叶的用具，一般用感量为 0.1 g。也有用感量为 0.01 g 的小型电子秤，比较快速且准确（图 4-4）。

图 4-4　称量秤

（7）计时器。定时钟或砂时计，精确到秒（图 4-5）。

图 4-5　计时器

（8）其他。刻度尺，刻度精确到毫米；网匙，不锈钢网制半圆形小勺子，用于捞茶碗中的茶渣；茶匙或瓷匙，容量约为 10 mL；另外，还有烧水壶、电炉、塑料桶等。

（9）碗橱。碗橱用于盛放审评杯、碗、汤碗、网匙等。碗橱的尺寸可根据盛放用具数量而定。做成长、宽、高分别为 400 mm、600 mm、700 mm 的柜子。另外，还应有 5 ～ 6 个抽屉。

◆ **拓展知识** ◆

《茶叶感官审评方法》
（GB/T 23776—2018）

《茶叶感官审评室基本条件》
（GB/T 18797—2012）

（三）扦样

扦样又称取样或抽样，是指从一批或数批茶叶中取出具有代表性的样品，供审评用。

（1）取样数量。取样件数按货物数量以一定比例确定，按照《茶 取样》（GB/T 8302—2013）规定取样。

（2）取样和分样。一般有以下三种情况。

1）大包装茶在产品包装过程中取样，应在茶叶定量装件时，每装若干件后，按取样数量规定，用取样工具取出样品约250 g。所取的原始样品盛于有盖的专用茶箱中，而后用分样器或用四分法逐步缩分至500～1 000 g，作为平均样品，分装于两个茶样罐中供审评使用。

2）大包装茶在产品成件、打包、刷唛后取样时，应在整批茶叶包装完成后的堆垛中，从不同堆放位置随机抽取规定的件数。逐件开启后，用取样工具在每件的上、中、下位置处各取出有代表性的样品约250 g，置于有盖的专用的茶箱中，混匀。再将茶叶全部倒在洁净的簸箕内，用分样器或四分法逐步缩分至500～1000 g，作为平均样品，分装于1～2个茶样罐中供审评使用。

3）小包装茶在产品包装过程中取样时，操作与大包装茶相同。在包装后取样时，应在整批茶包装完成后的堆垛中，从不同堆放位置随机抽取规定的件数，再从各件的上、中、下位置处，取出2～3盒（听、袋）。所取样品保留数盒（听、袋），盛于密闭容器中，供单个检验。其余部分现场拆封，倒出茶叶混合均匀。再用分样器或四分法逐步缩分至500～1 000 g，作为平均样品，分装于2个茶样罐中，供审评使用。

◆ **拓展知识** ◆

《茶 取样》（GB/T 8302—2013）

（四）审评方法

恩施玉露是名优绿茶，其审评因子是干评外形（包括形状、嫩度、色泽、匀整度和净度）和开汤后湿评茶叶内质，即汤色、香气、滋味和叶底等几项因子。

恩施玉露感官审评常规方法的一般程序为摆样→把盘→评看外形→称样3 g→加沸水150 mL→静置4 min→滤出茶汤→审评内质。现将各评茶操作程序分述如下。

1.把盘评看外形

把盘又称摇样盘，是审评茶叶外形的首要操作步骤。

审评干茶外形前，取出茶样，从左至右摆放好，再根据茶样的数量，准备好相应数量的评茶盘，从左至右与茶样一一对应。审评干茶外形，主要依靠视觉、触觉来鉴定。

操作方法：将缩分后有代表性的茶样 200 ～ 300 g，置于评茶盘中，双手握住茶样盘对角（图 4-6），运用手势做圆周回旋筛转，使茶样按粗细、长短、大小、整碎、顺序分层并顺势收于茶样盘中间，呈中间高、边缘低的圆馒头形，通过对茶样盘的"筛"和"收"的动作，使茶样分出上层（也称面张、上段）、中层（也称中段、中档）、下层（也称下段）茶叶。用目估测、手掂量等方法，通过调换位置、反复察看，比较外形。

图 4-6　把盘

按照上述外形审评方法，首先，用目测审评面张茶；其次，用手轻轻将大部分上、中层茶抓在手中，审评没有被抓起而留在评茶盘中的中段茶叶的品质；再次，将抓茶的手握住茶叶翻转、手掌朝上，轻轻将茶叶摊放在手中，用目测审评中段茶的品质；最后，估测上、中、下段茶所占的比重是否恰当，有无"脱档"。同时，用手掂量估测的方法，比较等体积的不同茶样的质量，也可以叫作比较茶叶"身骨"的轻重。

2. 冲泡

冲泡俗称开汤、泡茶或沏茶，是湿评内质的重要步骤。

茶叶感官审评常规做法的冲泡步骤为称茶样 3 g →加沸水 150 mL →静置 4 min →滤出茶汤。开汤后，应快看汤色，嗅评香气，再尝滋味，后评叶底。

（1）备具。开汤前，先将审评杯、碗按号码大小依次从左到右排列在湿评台上，杯盖先搁放在审评碗内，审评杯紧靠人一侧摆放。

（2）称茶样。用拇指、食指、中指三只手指在摇匀的茶样盘中轻轻抓起茶样（图 4-7），茶样量一次抓够，且略多于 3 g，于小天平上徐徐放入，以刚好放入 3 g 为好。取茶时，应该从上往下垂直抓取，最好包含上、中、下三层的茶叶为宜。

图 4-7　取样

（3）冲泡顺序。按常规法，依次称取茶样 3 g 投入审评杯内。冲泡时，一般应从左至右，以 100 ℃的沸水向审评杯中加水，从第一杯冲泡开始计时，随泡随即加盖，且盖孔朝向杯柄，便于过滤出茶汤。计时 4 min，按冲泡次序将杯内茶汤滤入审评碗内，倒茶汤时，审评杯应暂卧搁在审评碗口上，待茶汁滤干即可取下（图 4-8）。

图 4-8　审评冲泡

3. 评定内质

（1）评看汤色。茶叶开汤后，茶叶内含成分溶解在沸水中的溶液所呈现的色彩，称为汤色，评看汤色靠视觉来鉴评。汤色审评主要从色度、亮度和清浊度三个方面评比。

茶汤的颜色易受光线强弱、茶碗规格、容量及排列位置、沉淀物多少、冲泡时间长短等各种外因的影响，要尽可能达到一致。评看汤色要及时，因多酚类经水溶解后，接触空气极易氧化，使绿茶汤色极易变黄变深。所以，绿茶审评要将评汤色放在嗅评香气之前，尤其是名优绿茶，故绿茶宜先看汤色。

（2）嗅评香气。香气是依靠嗅觉而辨别的。鉴评茶叶香气是通过沸水泡茶，使其内含的芳香物质挥发，挥发性物质的气流刺激鼻腔内嗅觉神经，出现不同类型、不同程度的茶香。

操作方法：一手拿住已倒出茶汤的审评杯，另一手拿住杯盖的盖纽，半揭开杯盖，靠近杯沿用鼻轻嗅或深嗅，为了正确鉴别香气的类型、高低和长短，嗅吸时应重复1～2次（图4-9）。

经验证明：热嗅可辨香气正（纯）异、温嗅可辨香气类型、冷嗅可定香气持久性。

图4-9　嗅香气

（3）品鉴滋味。审评茶汤滋味时，可用茶匙舀取适量（约5 mL）茶汤转到一个小品茗杯中，再送入口中，使茶汤在口腔内循环打转，使位于舌头上下不同部位的味觉对茶汤滋味充分感觉，才能正确地、较全面地辨别滋味，主要辨别茶汤的浓淡、厚薄、醇涩、纯异和鲜钝等。品评茶汤滋味的最适温度是45 ℃～55 ℃。

◆ **拓展知识** ◆

味蕾对滋味的特定敏感区域

味蕾对滋味的特定敏感区域：舌尖——甜；舌心——鲜；舌面、腮两侧——涩；舌根——苦。

（4）评鉴叶底。审评叶底时，将杯中的茶叶全部倒入白色搪瓷叶底盘中，再掺入适量清水，使叶底在盘中漂浮起来，目测芽叶机械组成与细嫩芽叶所占数量比重及其匀称（整）度，观察叶色的绿亮度与匀调度（图4-10）。

图 4-10　恩施玉露叶底

4. 茶叶品质顺序排列

在实际工作中，往往是多个茶样参评，其品质总有高低之别，因此必须按照一定程序评分，而后依据所得总分和单项分数高低，排出各个参评茶样的名次先后。

（1）评分。评分通常有以下两种形式。其一，独立评分。整个审评过程由 1 个或若干个评茶人员独立完成。其二，集体评分。整个审评过程由 3 人或 3 人以上（奇数）评茶员一起完成，参加评茶人员组成一个审评小组，推荐其中一人为主评。审评过程中由主评先评出分数，其他人员根据品质标准对主评出具的分数进行修改与确认，对观点差异较大的茶进行讨论，最后确定分数，如有争议，投票决定。

1）评分方法。工作人员在评分前对茶样进行分类、密码编号，审评人员进行盲评。要求根据审评知识与品质标准，按外形、汤色、香气、滋味和叶底"五因子"，采用百分制方式，在公平、公正条件下给每个茶样的每项因子进行评分，并加评语。

2）分数确定。一般可分别按下述方法确定：其一，每个评茶员所评的分数相加的总和除以评分的人数，即所得的分数；其二，当独立评分的评茶员人数达 5 人以上时，可在评分的结果中去掉一个最高分和一个最低分，其余的分数相加的总和除以相应的评分人数，即所得的分数。

3）结果计算。将单项因子的得分与该项因子评分系数相乘，并将各乘积值相加，即该茶样审评的总得分。其计算公式如下：

$$Y = A \cdot a + B \cdot b + \cdots + E \cdot e$$

式中　Y——茶样审评总得分；

　　A，B，$\cdots$，E——各品质因子的审评得分；

　　a，b，$\cdots$，e——各品质因子的评分系数。

恩施玉露及其他名优绿茶各品质因子评分系数：外形（a）25%、汤色（b）10%、香气（c）25%、滋味（d）30%、叶底（e）10%。

（2）结果评定。根据计算结果评定的名次，按分数从高到低的次序排列。如遇分数相同者，则按滋味—外形—香气—汤色—叶底的次序，比较单一因子得分的高低进行排序，高者居前，低者在后。

品质评语和各品质因子评分详见表 4-3。

表 4-3 恩施玉露品质评分

因子	档次	品质特征	给分	评分系数
外形	甲	以单芽到一芽二叶初展制成，色泽翠绿油润似鲜绿豆，条索紧细、溜圆、挺直、匀整	90～99	25%
	乙	原料较细嫩，条索尚紧圆挺直、匀整，色泽墨绿或黄绿，较油润	80～89	
	丙	原料嫩度较低，紧圆挺直、匀整稍低，色泽暗褐	70～79	
汤色	甲	嫩绿明亮，浅绿明亮	90～99	10%
	乙	尚绿明亮或黄绿明亮	80～89	
	丙	深黄或黄绿欠亮或混浊	70～79	
香气	甲	嫩香、嫩栗香、清高、花香	90～99	25%
	乙	清香、高尚、火工香	80～89	
	丙	尚纯、熟闷、老火或青气	70～79	
滋味	甲	鲜醇、甘鲜、醇厚鲜爽	90～99	30%
	乙	清爽、浓厚、尚醇厚	80～89	
	丙	尚醇、浓涩、青涩	70～79	
叶底	甲	细嫩多芽，嫩绿明亮，匀齐	90～99	10%
	乙	嫩匀、绿明亮，尚匀齐	80～89	
	丙	尚嫩、黄绿、欠匀齐	70～79	

🔍 思考与练习 ●

恩施玉露审评报告

视频：恩施玉露审评方法

因子　　处理　茶样编号	外形 /%		汤色 /%		香气 /%		滋味 /%		叶底 /%		品质总分
	评语	计分	评语	计分	评语	计分	评语	计分	评语	计分	
1		98		90		90		85		95	
2		95		90		89		86		94	
3											
4											

根据上表中某恩施玉露茶的审评报告，计算出最后品质总分∑	
你的答案	品质总分 ∑ =

⊙ 实习实训 ●

实训四　恩施玉露感官审评方法

一、实训目的

通过实训，学习恩施玉露感官审评的基本操作技术，逐步培养独立审评品质的能力。

二、教学建议

（1）实训时间：4学时。

（2）需要的设施设备及材料。

1）实训地点：茶叶感官审评实训室。

2）材料：恩施玉露特级、一级、二级茶样。

3）设备：评茶用具（评茶盘、审评杯、审评碗、白瓷盘、天平、茶匙、网匙、计时器等）。

（3）教学方法：采用讲解、教师示范、学生分组实操等。

三、实训内容

（1）熟悉恩施玉露感官审评基本步骤。

（2）恩施玉露感官审评采用五因子审评方法，包括干评和湿评两部分。干评主要是对外形的鉴别；湿评要开汤审评汤色、香气、滋味、叶底四个项目。

（3）恩施玉露茶审评方法。

1）外形审评：将样茶倒入评茶盘内，双手持样茶盘的边缘回旋转动使盘内茶叶均匀旋转，然后借手势把盘内分散的茶叶收拢，使茶叶按形状大小、粗细、轻重的不同，分为上、中、下三段茶。

（2）内质审评：从评茶盘中准确称取代表性样茶 3 g，放入 150 mL 的审评杯中，用 100 ℃水冲泡，随即盖上，同时计时 4 min，倾出杯内全部茶汤。然后，看汤色，嗅杯中香气，再尝滋味，最后将杯内叶底倒入白瓷盘中加入清水仔细评叶底。

每 3 ～ 5 人为一小组。将审评结果填入表 4-4 中。

表 4-4　恩施玉露品质审评记录表

序号 / 项目 评语	外形 /25%		汤色 /10%		香气 /25%		滋味 /30%		叶底 /10%		总分
	评语	得分	评语	得分	评语	得分	评语	得分	评语	得分	
1											
2											
3											
4											

四、实训注意事项

（1）审评室须保持整洁，隔绝异气味。审评前忌吸烟吃腥、酸等物品。手脸不能擦香脂，以免影响香味的准确性。

（2）应保持客观的态度，不宜急躁及粗心大意，必须集中精力耐心、反复地比较审评各项目。

五、作业

（1）恩施玉露感官审评方法应掌握哪些环节？为什么？

（2）填写实习报告单。

单元二　恩施玉露理化检验技术

📍 单元导入 ●

茶叶理化检验，就是采用物理和化学的手段，对茶叶品质进行分析和测试，并与标准要求或约定要求进行比对，判断是否符合质量标准的过程。本单元就茶叶检验类型、茶叶出厂检验方法等进行介绍。

一、茶叶检验类型

茶叶检验，是茶叶出厂、出口经常性的工作内容之一，是对茶叶质量进行把关的重要环节。按检验类型分类主要有出厂检验、型式检验、委托检验、监督检验和仲裁检验等几类。根据《地理标志产品　恩施玉露》（DB42/T 351—2010）的规定，恩施玉露每批产品交收（出厂）前，生产单位的质量检验部门应对产品分批检验，检验合格并附有合格证的产品方可交收（出厂）。恩施玉露生产企业在申报 SC 时，茶叶检验的能力是市场监督管理局考核评估的重点内容之一。

◆ 拓展知识 ◆

SC 生产许可证认证

SC 是"生产"的汉语拼音字母缩写，与 QS 一样是生产许可证。2015 年 10 月 1 日开始施行的《食品生产许可管理办法》明确规定，新获证食品生产者不再使用 QS 标志，而是在食品包装或标签上标注新的食品生产许可证编号"SC"加 14 位阿拉伯数字，从左至右依次为 3 位食品类别编码、2 位省（自治区、直辖市)代码、2 位市（地）代码、2 位县（区）代码、4 位顺序码、1 位校验码。

中文名：食品生产许可

释义：食品生产许可证编号

出处：《食品生产许可管理办法》

施行时间：2015 年 10 月 1 日起

1. 出厂检验

茶叶生产单元如企业或专业合作社等，每批产品交收（出厂）前，生产单位的质量检验部门应对产品分批检验，检验合格并附有合格证的产品方可交收（出厂）。《地理标志产品　恩施玉露》（DB42/T 351—2010）规定恩施玉露出厂检验的内容有感官品质、水分、粉末、碎茶、包装标签。

2. 型式检验

型式检验又称例行检验，是对产品的质量进行全面考核，即对产品标准中规定的技术要求全部进行检验。《地理标志产品　恩施玉露》（DB42/T 351—2010）规定下列情况应进行型式检验：首次批量生产前；申请无公害食品、绿色食品、有机食品等标志时；原料、工艺、机具、环境有较大改变，可能影响产品质量时；前后两次抽样检验结果差异较大时；国家质量监督机构或主管部门提出型式检验要求时。型式检验的内容是《地

理标志产品　恩施玉露》（DB42/T 351—2010）标准中规定的全部检验项目，包含感官品质、理化指标、卫生安全指标等。

3. 委托检验

委托检验是组织或个人自行取样，委托具有资质和能力的检验检测机构进行的检验。检验内容是委托方和检验检测机构约定的项目，检验检测项目在检验检测机构的资质和能力范围内，通常检验检测机构的检验结果仅对委托样的质量负责。

4. 监督检验

监督检验是由国家、地方行政管理部门组织的产品质量的监督检查。承担监督检验的机构必须具有相应的资质和能力，检验内容为产品标准中的全部检验项目或监督检查提出的指定项目。

监督检验通常采取抽样检验，合法的抽样人员在流通或生产环节按规定取样、封存、确认，然后送检验检测机构检验。监督检验是政府监管行为，是对生产和流通企业进行有效管理的方式，对不合格产品进行处罚，促进其不断改进和提高产品质量，有力维护消费者利益和市场秩序。

5. 仲裁检验

仲裁检验是国家法定质量检验检测机构对当事人双方在茶叶产品质量检验或试验中发生争执时进行的裁决性检验。提出仲裁检验的申请人包括司法机关、仲裁机构、行政部门、社会团体、产品质量争议双方当事人。同一产品只能有 1 个申请主体，如法院处理的案件，申请只能由法院提出，其他机构或社会团体不能再提出仲裁检验申请。申请人可以直接向检验检测机构提出申请，也可以通过行政部门向检验检测机构提出申请。出具仲裁检验报告的机构须是经过管理部门或其授权的部门考核合格的检验检测机构，其仲裁检验的产品或项目必须在其授权检验范围内。

二、恩施玉露理化指标

湖北省地方标准《地理标志产品　恩施玉露》（DB42/T 351—2010）对与恩施玉露茶品质相关的几种生化成分的指标，都做出了较为明确的规定。在《地理标志产品　恩施玉露》（DB42/T 351—2010）中，对恩施玉露所规定的具体指标见表 4-5。

表 4-5　理化指标　　　　　　　　　　　　　　　　　　　　　　　　　%

项目	指标
水分	≤ 6.5
水浸出物	≥ 36.0
总灰分	≤ 6.5
粗纤维	≤ 14.0
粉末	≤ 1.0
碎茶	≤ 2.0

三、恩施玉露出厂检验项目及方法

本部分主要介绍出厂检验项目茶叶粉末、碎茶的检测方法和茶叶水分检测方法。

1. 取样

样品的抽取，是指对应进行检验的产品，按照国家标准规定抽取一定数量具有代表性的样品，来检验分析产品的质量，它是检验工作的开始，也是保证检验结果正确性的基础。恩施玉露茶品质由多项因子组成，而且品种繁多，加上季节和制法上的差异，要抽取具有高度代表性的样品，是一项极为细致的工作，样品结果不具有代表性，即使检验工作认真、检验方法科学和检验仪器精密，还是不能反映恩施玉露的实际品质情况，这样就可能给生产创业在政治上、经济上带来巨大损失。

抽样时，不仅需要抽取正确的样品，而且对商品的包装、外观、品质差异等情况，应作详尽观察记录，以利于整个检验工作的顺利进行，具体操作参照国家标准《茶　取样》（GB/T 8302—2013）。

2. 粉末、碎茶的检测方法

恩施玉露在初精制过程中，不可避免地会产生一些粉末、碎片茶。这些片末茶的存在直接影响了外形的匀整美观，冲泡后使汤色发暗，滋味苦涩。粗老原料更易于产生片末茶，这些片末茶往往使汤味浅淡，不受消费者欢迎。因此，粉末及下盘茶的多少，作为品质优次的一个物理指标，在检验标准中给予一定的限制是很有必要的。按国家标准《茶　粉末和碎茶含量测定》（GB/T 8311—2013）规定，使用的电动筛分机（图 4-11）转速为 200 r/min±10 r/min，回旋幅度为 60 mm±3 mm，检验筛为铜丝编织的方孔标准筛，筛子直径为 200 mm，具有筛底和筛盖。粉末筛的孔径为 0.63 mm（用于条、圆形茶），碎茶筛孔径为 1.25 mm（用于条、圆形茶）。

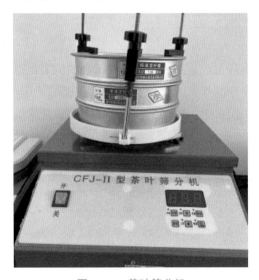

图 4-11　茶叶筛分机

称取充分混匀的试样 100 g（准确至 0.1 g），倒入规定的碎茶筛和粉末筛的检验套筛内，盖上筛盖，按下启动按钮，筛动 100 r。将粉末筛的筛下物称量（准确至 0.1 g），即为粉末含量。移去碎茶筛的筛上物，再将粉末筛筛面上的碎茶重新倒入下接筛底的碎茶筛内，盖上筛盖，放在电动筛分机上，筛动 50 r。将筛下物称量（准确至 0.1 g），即为碎茶含量。

茶叶粉末含量以质量分数（%）表示，按下式计算：

$$粉末含量 = \frac{M_1}{M} \times 100\%$$

茶叶碎茶含量以质量分数（%）表示，按下式计算：

$$碎茶含量 = \frac{M_2}{M} \times 100\%$$

式中　M_1——筛下粉末质量（g）；

　　　M_2——筛下碎茶质量（g）；

　　　M——试样质量（g）。

碎茶及粉末测定应做双试验。当测定值小于或等于 3% 时，同一样品两次测定值之差不得超过 0.2%，否则需重新分样检测；当测定值大于 3%、小于或等于 5% 时，同一样品两次测定值之差不得超过 0.3%，否则需重新分样检测；当测定值大于 5% 时，同一样品两次测定值之差不得超过 0.5%，否则需重新分样检测。

将未超过误差范围的两次测定值平均后，再按数值修约规则修约至小数点后 1 位数，即为该试样的实际碎茶、粉末含量。

3. 水分检验方法

茶叶含水量是引起茶叶劣变的主要参数，超过一定限度，容易变质，因此，水分是目前茶叶出厂、出口必须测定的项目。《地理标志产品　恩施玉露》（DB42/T 351—2010）中规定，水分不得超过 6.5%。

《茶　粉末和碎茶含量测定》（GB/T 8311—2013）

根据《食品安全国家标准　食品中水分的测定》（GB 5009.3—2016）规定第一法（直接干燥法）适用于在 101 ℃～ 105 ℃下，蔬菜、谷物及其制品、水产品、豆制品、粮食（水分含量低于 18%）、淀粉及茶叶类等食品中水分的测定。下面介绍直接干燥法的操作方法。

（1）测定原理。利用食品中水分的物理性质，在 101.3 kPa（一个大气压），温度为 101 ℃～ 105 ℃下采用挥发方法测定样品中干燥减失的质量，包括吸湿水、部分结晶水和该条件下能挥发的物质，再通过干燥前后的称量数值计算出水分的含量。

（2）仪器和设备。扁形铝制或玻璃制称量瓶、电热恒温干燥箱、干燥器（内附有效干燥剂）、天平（感量为 0.1 mg）。

（3）测定方法。取洁净铝制或玻璃制的扁形称量瓶，置于 101 ℃～ 105 ℃干燥箱中，瓶盖斜支于瓶边，加热 1.0 h，取出盖好，置干燥器内冷却 0.5 h，称量，并重复干燥至前后两次质量差不超过 2 mg，即为恒重。将混合均匀的试样（茶样）迅速磨细至颗粒小于 2 mm，称取 2～10 g 试样（精确至 0.000 1 g），放入此称量瓶中，试样厚度不超过 5 mm，如为疏松试样，厚度不超过 10 mm，加盖，精密称量后，置于 101 ℃～105 ℃干燥箱中，瓶盖斜支于瓶边，干燥 2～4 h 后，盖好取出，放入干燥器内冷却 0.5 h 后称量。然后再放入 101 ℃～105 ℃干燥箱中干燥 1 h 左右，取出，放入干燥器内冷却 0.5 h 后再称量。并重复以上操作至前后两次质量差不超过 2 mg，即为恒重。

注意：两次恒重值在最后计算中，取质量较小的一次称量值。

（4）分析结果。试样中的水分含量，按式（4-1）进行计算：

$$X = \frac{m_1 - m_2}{m_1 - m_3} \times 100 \qquad (4-1)$$

式中　X——试样中水分的含量（g/100 g）；

　　　m_1——称量瓶和试样的质量（g）；

　　　m_2——称量瓶和试样干燥后的质量（g）；

　　　m_3——称量瓶的质量（g）；

　　　100——单位换算系数。

水分含量 ≥ 1 g/100 g 时，计算结果保留三位有效数字；水分含量 ≤ 1 g/100 g 时，计算结果保留两位有效数字。

《食品安全国家标准 食品中水分的测定》（GB 5009.3— 2016）

📍 实习实训 ●

实训五　茶叶含水量的测定

一、实训目的

鲜叶含水量的高低，集中反映了茶叶的老嫩度、品种的差异性，也反映了茶树的生理状态。成茶水分的高低，不仅直接影响销售价格，而且是贮藏过程中品质的关键性影响因子，也是生化成分含量分析的基础，是茶厂生化管理及出厂检验的必测项目之一。通过实训，使学生掌握茶叶含水量的测定方法。

二、教学建议

（1）实训时间：4 学时。

（2）需要的设施设备及材料。

1）材料：成品茶（茶鲜叶）。

2）设备：铝质称皿、鼓风式恒温电热干燥箱、分析天平或电子秤（感量 0.001 g）、干燥器（内盛有效干燥剂）、坩埚钳、白瓷托盘等辅助用具。

（3）教学方法：采用讲解、教师示范、学生分组实操等。

三、实训内容

（1）称皿准备：将事先洗净、编号的铝质称皿（皿盖斜置于皿边），置于预先加热至 101 ℃～ 105 ℃的烘箱中，加热 0.5 h，加盖取出，于干燥器内冷却至室温，称量（准确至 0.001 g）。

（2）用四分法选取样品，先在粗天平上预称茶叶 10 g，研碎，置于称皿中，用分析天平准确称重 10 g（精确至 0.001 g）。

（3）把称皿放入预热到 105 ℃的烘箱内，打开称皿盖子，待温度回至 105 ℃时计起，烘 1 h，到时加盖取出，置于干燥器内冷至室温（约 30 min）后称重。

四、结果计算

（1）试验记录。将试验结果记入表 4-6 中。

表 4-6　茶叶水分测定记录表　　　　　　　　　　　　　　　　　g

样品	编号	铝盒重	铝盒重 + 样品重	烘干后样品重	样品重 – 烘干后样品重	含水量 /%

（2）结果计算。

$$水分 = \frac{样品重 - 烘干后样品重}{样品重} \times 100\%$$

五、作业

（1）分别测定恩施玉露成品茶和茶鲜叶的含水量，比较其含水量的差异程度。

（2）填写实习报告单。

实训六　茶叶碎茶、粉末茶的测定

一、实训目的

碎茶、粉末茶是茶叶出厂检验项目，其含量与成茶品质有一定的关系，掌握碎茶、粉末茶的检验标准及方法，可及时指导茶叶初精制加工，为成品茶品质规格把关。通过实训，使学生掌握茶叶碎茶、粉末茶的测定方法。

二、教学建议

（1）实训时间：2 学时。

（2）需要的设施设备及材料。

1）材料：恩施玉露茶。

2）设备：分样器和分样板或分样盘，盘两对角开有缺口；天平（感量 0.01 g）；粉末刷（毛刷）。

电动筛分机：转速 200 r/min±10 r/min，回旋幅度 60 mm±3 mm。

检验筛：铜丝编织的方孔标准筛，筛子直径 200 mm。

粉末筛：孔经 0.63 mm；

碎茶筛：孔径 1.25 mm。

（3）教学方法：采用讲解、教师示范、学生分组实操等。

三、实训内容

恩施玉露茶的碎末茶含量测定。将试样充分拌匀并缩分后，称取 100.0 g，倒入规定的碎茶筛和粉末筛的检验套筛内，盖上筛盖，按下启动按钮，筛动 100 r。待自动停机后，取粉末筛的筛下物称量，即为粉末茶含量。

移去碎茶筛的筛上物，再将粉末筛筛面上的碎茶重新倒入下接筛底的碎茶筛内，盖上筛盖，放在电动筛分机上，筛动 50 r，将筛下物称量即为碎茶含量。

四、结果计算

粉末、碎茶含量分别按以下两式计算（以上称量均要求准确至 0.1 g）：

$$粉末含量 = \frac{筛下粉末质量 M_1}{试样质量 M} \times 100\%$$

$$碎茶含量 = \frac{筛下碎茶质量 M_2}{试样质量 M} \times 100\%$$

式中 M_1——筛下物粉末质量（g）；

M_2——为筛下物碎茶质量（g）；

M——为试样重量（g）。

测定时要求进行平行试验（测两次），而且要求具有一定的重复性，如果两次测值相差符合表 4-7 的规定，则需要重新分样检测。

表 4-7 茶叶粉末、碎茶检验重复性要求

测定值	两次测值相差	要求	两次测值相差	要求
≤ 3%	< 0.2%	不必重测	> 0.2%	重测
> 3% 或 ≤ 5%	< 0.3%	不必重测	> 0.3%	重测
> 5%	< 0.5%	不必重测	> 0.5%	重测

五、试验报告表

将检测结果记入表 4-8 中。

表 4-8　碎茶、粉末茶含量测定记录表

试样名称：　　　　　　　试样编号：　　　　　　　试验日期：　　　　　　　检验人员：

测定项目	测定方法	测定结果 1	测定结果 2	两次测值相差	结论

测一测

参考答案

一、单选题

1. 中华人民共和国国家标准《茶叶感官审评方法》的规范号是（　　　）。

　　A. GB/T 23776—2009　　　　　　　B. GB/T 18797—2012

　　C. GB/T 23776—2018　　　　　　　D. GB/T 18797—2002

2. 茶叶品质审评，要求天平的感量为（　　　）g。

　　A. 0.1　　　　　B. 0.01　　　　　C. 0.001　　　　　D. 0.000 1

3. 毛茶审评使用带柄杯沿有锯齿、容量为（　　　）mL 的评茶杯。

　　A. 200　　　　B. 150　　　　C. 100　　　　D. 120

4. 绿毛茶的外形审评以（　　　）为主。

　　A. 嫩度与条索　　B. 整碎与净度　　C. 嫩度与色泽　　D. 整碎与色泽

5. 评茶时取样工作应在清洁、干燥、（　　　）的室内进行，且要防止外来杂质混入。

　　A. 光线昏暗　　B. 日光直接照射　　C. 光线充足　　D. 无光线

6. 评茶盘一般应涂成无反射光的（　　　）色。

　　A. 黑　　　　B. 乳白　　　　C. 绿　　　　D. 黄

7. 按照国家标准《茶叶感官审评方法》（GB/T 23776—2018）茶叶内质审评称样重量为（　　　）g。

　　A. 1　　　　　B. 3　　　　　C. 5　　　　　D. 10

8. 按照国家标准《茶叶感官审评方法》（GB/T 23776—2018）茶叶内质审评冲泡时间为（　　　）min。

　　A. 1　　　　　B. 3　　　　　C. 5　　　　　D. 10

9. 绿茶滋味浓而鲜爽时，酚氨比为（　　　）。

　　A. 茶多酚、氨基酸两者含量都高而比值低

　　B. 茶多酚、氨基酸两者含量都低而比值低

　　C. 茶多酚、氨基酸两者含量都低而比值高

　　D. 茶多酚、氨基酸两者含量都高而比值高

10. 中国名茶品类繁多、千姿百态，具有"外形翠绿、汤色碧绿、叶底嫩绿"的品质属性的茶叶有（　　　）。

  A. 名优红茶 B. 名优黑茶   C. 名优绿茶   D. 名优黄茶

11. 茶叶检验是目前茶叶质量管理的重要工作环节，尤其是（　　　）等，是在茶叶出厂、出口时必须检测的项目。

  A. 粉末、包装、灰分   B. 粉末、水分、灰分

  C. 粉末、包装、碎茶   D. 容重、灰分

12. 茶叶物理检验，就是采用物理的方法对茶叶的（　　　）等一些项目进行检验。

  A. 粉末、灰分   B. 粉末、碎茶

  C. 水分、含梗量   D. 粉末、水分

13. 目前测定水分的标准方法大都采用烘箱法，根据烘箱温度的不同，又可分为恒重法和快速法两类。其中烘箱法温度为（　　　）℃的属于恒重法。

  A. 103   B. 120   C. 130   D. 100

二、判断题

1. 审评杯、碗为纯白瓷烧制，各杯、碗的厚薄、大小和色泽要求不一致。（　　　）

2. 传统方法审评恩施玉露，嗅香气时在左手托住碗，右手掀开杯盖，闻香气。（　　　）

3. 绿茶加工时，适当摊放有利于提高香气。（　　　）

4. 茶汤滋味浓的茶是好茶。（　　　）

5. 绿茶带有水闷气是因为杀青时温度过高。（　　　）

6. 茶叶检验按检验方法可分为物理检验和化学检验两种。（　　　）

7. 我国现行的检验标准中，执行的就是国家标准。（　　　）

模块五 恩施玉露冲泡及品饮方法

模块介绍 ●

（1）恩施玉露因其独特的制作工艺，在完美地展现其品质特征上需要利用科学的冲泡手段，不仅需要选用合适的水温，一定比例的茶水比也是冲泡的关键。

（2）本模块主要介绍如何选用合适的水温及茶水比，利用科学的冲泡流程及方法冲泡出味美形佳的恩施玉露。

学习目标 ●

知识目标：

（1）了解水温对茶叶冲泡的影响；

（2）掌握冲泡水温及茶水比要求；

（3）掌握不同器具的冲泡方法。

能力目标：

（1）能够用适宜的水温冲泡恩施玉露；

（2）能够运用不同茶具如玻璃杯、盖碗冲泡恩施玉露；

（3）通过学习能达到《茶艺师》国家职业技能标准中级茶艺师水平。

素养目标：

（1）通过冲泡和品茗感受品茶品味品人生的丰富内涵，以及"清、敬、和、美、乐"的当代核心价值理念；

（2）倡导喝好一杯茶相适、水相合、器相宜、泡相和、境相融、人相通的健康茶；

（3）了解茶、爱上茶，从而参与到茶的事业中，使中国茶文化生生不息，传承下去。

单元一　科学冲泡恩施玉露

⊙ 单元导入 ●

恩施玉露是历史名茶，具有独特的品质特征，经过不断尝试和探索，形成了最科学的冲泡方法。那么恩施玉露的冲泡对水的要求有哪些？以及冲泡的基本步骤和流程是怎样的？在冲泡过程中应注意什么？让我们带着这些问题，开始本单元的学习。

⊙ 相关知识 ●

茶汤是茶艺创作者的作品之一，也是茶艺的落脚点。习茶者在充分认识茶叶本身品质特征的前提下，科学运用冲泡技术与技巧，充分表达茶叶的色、香、味等特点。恩施玉露原料较为细嫩，香气清高持久，滋味鲜爽回甘，在泡茶的过程中，应科学设计出水温、茶水比、泡茶时间等技术参数，运用合理的方法，冲泡出一杯色、香、味俱佳的恩施玉露茶汤。

一、泡茶用水及水温

水为茶之母，明人许次纾在《茶疏》中说："精茗蕴香，借水而发，无水不可与论茶也。"水质的好坏直接影响茶汤的质量。所以，自古茶人就非常讲究泡茶用水。明代张大复在《梅花草堂笔记》中更是明确说明："茶性必发于水，八分之茶，遇十分之水，茶亦十分矣，八分之水，试十分之茶，茶只八分耳。"名茶得甘泉，犹如人得仙丹，精神顿异，无好水是不可论茶的。学习泡茶用水的基本原则及选用合适的水温对于泡好一杯色香味俱佳的恩施玉露具有重要的作用。

（一）泡茶用水

1.泡茶用水分类

目前，泡茶用水大致可分为以下几种类型。

（1）天然水。天然水又可分为地表水和地下水两种。地表水包括河水、江水、湖水、水库水等。该水从地表流过，溶解的矿物质较少，这类水的硬度一般为 $1.0 \sim 8.0$ mg/L（当量），水中带有许多黏土、砂、水草、腐殖质、盐类和细菌等，选用这些水泡茶时注意水源、环境、气候等因素，判断其洁净程度。地下水主要是井水、泉水等，由于经过地层的浸滤，溶入许多的矿物质元素，水透过地质层，起到过滤作用，含泥沙悬浮物和细菌较少，水质较为清亮。在天然水中，泉水是泡茶最理想的水。

恩施位于武陵山区，属喀斯特地貌，地下水资源丰富，州城区就分布有 20 多口天然泉眼，能够用天然泉水泡恩施玉露，仍然是恩施爱茶人心中的美事。

（2）自来水。自来水水源一般是江、河、湖，经过净化处理，符合生活饮用水卫生标准，自来水普遍有漂白粉的氯气气味，直接泡茶会使香味逊色。因此，可以采用以下办法处理：一是用水缸养水，将自来水放入陶瓷缸内放置一昼夜，使氯气挥发再煮水泡茶；二是在自来水水龙头出口处接上离子交换净水器，使自来水通过树脂层，将氯气及钙、镁等矿物质离子除去，成为去离子水，然后用于泡茶。

（3）纯净水。纯净水是蒸馏水、太空水等的合称，是一种安全无害的软水。纯净水是以符合生活饮用水卫生标准的水为水源，采用蒸馏法、电解法、逆渗透法及其他适当的加工方法制得，纯度很高，不含任何添加物，可直接饮用的水。用纯净水泡茶，其效果还是相当不错的。

（4）净化水。通过净化器对自来水进行二次终端过滤处理制得，净化原理和处理工艺一般包括粗滤、活性炭吸附和薄膜过滤等三级系统，能有效地清除自来水管网中的红虫、铁锈、悬浮物等成分，降低浊度、余氯和有机杂质，并截留细菌、大肠杆菌等微生物，从而提高自来水水质，达到国家饮用水卫生标准。但是，净水器中的粗滤装置要经常清洗，活性炭也要经常换新，时间一久，净水器内胆易堆积污物，繁殖细菌，形成二次污染。净化水易取得，是经济实惠的优质饮用水，用净化水泡茶，其茶汤品质是相当不错的。

2. 泡茶用水的基本要求

泡茶用水首先应达到安全卫生和基本的无色、无味等感官标准要求。在我国应符合《生活饮用水卫生标准》（GB 5749—2022），应澄清透亮，无色（色度 < 15 铂钴色度单位），无异臭、异味（不良），无混浊（< 1NTU），无肉眼可见物（沉淀）。

3. 泡茶用水基本选用原则

不同茶叶、不同需求的人对水的选择也不同，但有个基本的选用原则。在符合基本水质指标要求前提下，泡茶用水一般应"三低"，即低矿化度、低硬度，低碱度。

以恩施玉露为例，水中的无机离子总量 <50 mg/L；$Ca^{2+}+Mg^{2+}<15$ mg/L；水体 pH<7.0（茶汤 pH 值低于 6.5）为佳。

因此，一般选择纯净水、蒸馏水和低矿化度的天然泉水泡茶即可。

◆ **拓展知识** ◆

古代泡茶用水的选用

1. 择水源

陆羽《茶经》中对泡茶用水提出"其水，用山水上，江水中，井水下"的原则和品质次第，因此山中的泉水用于泡茶最为理想；而江水由于聚集众多水源，水质复杂，较山泉水之下；井水容易受到地表水渗入的影响，品质又在江水之下。

2. 视水情

陆羽对水源环境做出如下区别：瀑布、大雨后的山泉水不取；山水中静止不动的潭水不用；江水选择远离人群居住场所的水源；用得越多的井水越好。

3. 判水质

古人泡茶水质主要总结为"清、轻、甘、洁、活、冽"六个字。

（二）水温

在泡茶过程中，水温与物质浸出量、物质浸出速度都有密切的关系。恩施玉露属于绿茶类，在制作过程中，茶多酚的保存量较高，希望茶汤滋味鲜爽醇，同时又尽可能保持茶汤和叶底的绿色，因此，将水烧至 100 ℃，然后凉至 80 ℃～ 85 ℃时，再用于冲泡。

1. 水温与浸出物

泡茶时水温与浸出物质的速度与量有密切关系，如 3 g 恩施玉露，分别采用 100 ℃、80 ℃、60 ℃水 150 mL，经过 4 min 浸泡后，其茶汤中水浸出物含量（以 100 ℃的相对浸出量为 100%）见表 5-1。

表 5-1　冲泡水温对茶叶浸出物的影响

水温 /℃	100	80	60
水浸出物 /%	100	70 ～ 80	45 ～ 65

试验表明，水温与茶叶内含物质在茶汤中的浸出量呈正相关，即水温高，茶叶内含物质容易浸出；相反，水温低，茶叶内含物质浸出速度慢。水温还与香气物质挥发有关，水温高，香气物质挥发在空气中的量会多，鼻中嗅觉细胞易感受到。所以，水温是调控茶汤滋味和香气的有效手段，冲泡恩施玉露的水温应控制在 80 ℃～ 85 ℃为宜。

2. 水温与物质浸出速度

茶叶中咖啡碱、茶氨酸及茶多酚等物质的析出与水温及浸泡时间密不可分，因此，科学的冲泡方法和冲泡流程对于恩施玉露这杯历史文化茶的展现具有重要的指导意义。

茶多酚、咖啡碱水温高时浸出速度快，茶汤苦涩感明显；水温低时浸出速度慢，茶汤苦涩感较低。茶氨酸的浸出受水温影响较小，随着时间的推移，浸出越多，茶汤滋味越鲜爽。因此，冲泡恩施玉露时应控制好水温及冲泡时间，比例适当时，茶汤鲜醇爽口，口感协调，茶汤厚度与浓度俱佳。

二、茶水比

茶水比即茶与水的比例，也就是投茶量。投茶量多则茶汤浓，投茶量少则茶汤淡，根据恩施玉露茶叶的品质特征，一般建议按照 1∶50 的茶水比进行冲泡，也就是说 3 g 茶叶适配 150 mL 水。茶水比并不是一成不变的，即使是同一款茶，茶水比也要根据品饮人数及冲泡次数进行适宜的调整，还要根据品饮者的喜好进行冲泡，总之，要使茶汤浓淡适宜。

三、冲泡时间

冲泡恩施玉露茶汤色的深浅明暗和汤味的浓淡爽涩，与茶叶中水浸出物的数量特别是主要呈味物质的泡出量和泡出率有密切关系。同种等量茶叶以相同温度开水冲泡，呈鲜甜味茶氨酸和呈苦味的咖啡碱最易浸出，而对茶汤不利的酯型儿茶素随着冲泡时间的加长占比增加。泡的时间长，则味感差，茶汤叶底色黄，香味熟闷；若泡的时间短，则滋味淡薄，香味难以发挥。其冲泡时间（以盖碗冲泡为例）：第一次冲泡 60 s 左右出汤；第二次冲泡时间减少，40 s 左右出汤；第三次则延长冲泡时间，50 s 左右出汤。

◆ **拓展知识** ◆

经典茶诗词
答族侄僧中孚赠玉泉仙人掌茶（并序）
唐·李白
常闻玉泉山，山洞多乳窟。
仙鼠白如鸦，倒悬清溪月。
茗生此中石，玉泉流不歇。
根柯洒芳津，采服润肌骨。
丛老卷绿叶，枝枝相接连。
曝成仙人掌，似拍洪崖肩。
举世未见之，其名定谁传。
宗英乃禅伯，投赠有佳篇。
清镜烛无盐，顾惭西子妍。
朝坐有余兴，长吟播诸天。

注释：此诗是一首咏茶名作，字里行间无不赞美饮茶之妙，为历代咏茶者赞赏不已。此诗生动形象地描写了仙人掌茶的独特之处，前四段写仙人掌茶的生长环境及作用。洪崖，传说中的仙人名，本句的意思是饮用了仙人掌茶，来实现帮助人成仙长生的结果。"宗英乃禅伯，投赠有佳篇。清镜烛无盐，顾惭西子妍"写的是李白对中孚的赞美之情，诗人在此自谦，将自己比作"无盐"，而将中孚的诗歌比作西子，表示夸奖。"朝坐有余兴，长吟播诸天"，诗人大声朗读所作的诗歌，使他能够达到西方极乐世界的"诸天"。

四、冲泡基本技术

掌握科学的冲泡方法和冲泡流程是恩施玉露成品展示的关键，冲泡将直接决定茶叶的香气、滋味及汤色。因此，想要获得一杯甘醇鲜爽的恩施玉露，就一定要根据其独特的品质特征进行冲泡。一套完整的茶艺由温具、取茶置茶、摇香、出汤及分茶等基础动作连贯而成，每个动作都含有一定的技术和技巧，要熟练掌握基础动作后，才能更好地完成一套茶艺。下面介绍冲泡恩施玉露的基础动作要领。

（一）温具

用温热水烫洗茶具的目的：一是洁净茶具；二是更好地激发茶叶的香气。

1. 温玻璃杯

注水至玻璃杯容积的三分之一，右手持杯，左手托底，玻璃杯口先向习茶者身体方向倾斜，直至水温至杯口，如图 5-1 所示。

图 5-1　注水及倾斜

逆时针旋转一周，水在杯中均匀滚动，动作慢且缓，眼睛注视杯口，如图 5-2 所示。

右弃水（图 5-3）即将玻璃杯平移至水盂正上方，左手掌心向上拖住玻璃杯，同时杯口稍向前倾斜，右手掌心向下，向外推动玻璃杯，让玻璃杯在两只手掌内滚动，滚动的同时转动手腕，水流入水盂中，左弃水方法与右弃水相同，仅方向相反。

图 5-2　温杯逆时针旋转一周

图 5-3　右弃水

弃水结束后，双手持杯回正，沾巾以擦去杯底水渍，将玻璃杯放回原处，如图 5-4 所示。

图 5-4　沾巾及回正（一）

（1）沉肩、手腕放松。

（2）温杯过程中眼不离手，需行茶者心静、专注。

（3）身体正直，不歪扭、不左右倾斜。

2. 温盖碗

右手拇指、食指、中指捏取盖纽，滑下半圆开盖，将碗盖插于碗身与碗托之间，提水壶至胸前，如图 5-5 所示。

图 5-5　开盖及提壶

女士手心向下提壶，男士手心向上提壶，注水至盖碗容积的三分之一。右手持碗盖，滑上半圆盖盖，如图 5-6 所示。

图 5-6　注水及盖盖

右手拇指、中指捏盖碗边缘，食指轻压碗盖，其余手指自然归拢，左手虚托在盖碗底部，如图 5-7 所示。

图 5-7　拿盖碗至胸前

转动手腕使盖碗逆时针匀速转动，使热水沿盖碗内壁滚动一周，如图 5-8 所示。

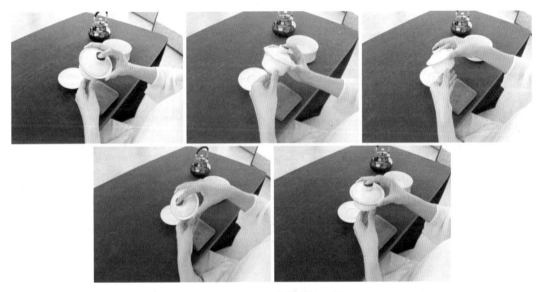

图 5-8　温盖碗逆时针一周

左手托底，右手食指将碗盖移开至与碗沿留出一条缝，右手持碗平移至水盂上方，90°向左转动手腕使水流入水盂内，如图 5-9 所示。

图 5-9　弃水

弃水结束后，盖碗回正，沾巾以擦去碗底水渍，将盖碗放回原处，如图5-10所示。

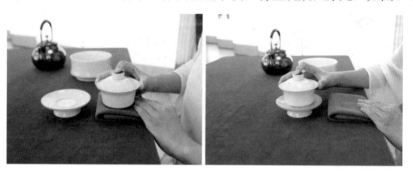

图5-10　沾巾及回正（二）

（二）取茶、赏茶、置茶

双手拿茶叶罐，两手交叉用大拇指向上用力开盖，右手拿盖倒放在桌面上以防污染，如图5-11所示。

图5-11　开盖

左手持茶叶罐平移至茶荷上方，右手握茶匙拨取茶叶使茶叶缓慢落入茶荷内，将茶匙放在茶巾上，盖上茶叶罐并将其放回原处，如图5-12所示。

图5-12　取茶叶

双手握茶荷两侧至胸前，将茶荷稍向外倾斜从右至左请品茗者赏茶，并行注目礼，如图5-13所示。

稍向内侧倾倒，将茶荷内的茶叶倒入泡茶器中，如图5-14所示。

图 5-13　赏茶　　　　　　　　　　　　图 5-14　投茶

提　示

（1）取茶尽可能不损伤茶叶。

（2）拿取掌心为空心掌，便于更好调整器具方向。

（三）摇香

1. 玻璃杯摇香

右手提壶，回旋注水至刚没过茶叶，如图 5-15 所示。

双手拿起玻璃杯，左手后撤换右手拿住玻璃杯，左手轻托杯底。转动手腕，杯口向行茶者倾斜，继续转动手腕与温杯方向相同，缓慢摇香一圈后再快速摇香两圈，如图 5-16 所示。

图 5-15　注水　　　　　　　　　　图 5-16　玻璃杯摇香

2. 盖碗摇香

右手提壶，左手拂袖，注水时左手轻扶壶盖，回旋注水至刚没过茶叶，如图 5-17 所示。

右手拿取盖碗至胸前，左手画弧线至杯底。转动手腕，杯口向行茶者倾斜，继续转动手腕与温杯方向相同，缓慢摇香一圈后再快速摇香两圈，如图 5-18 所示。

图 5-17 提壶及注水

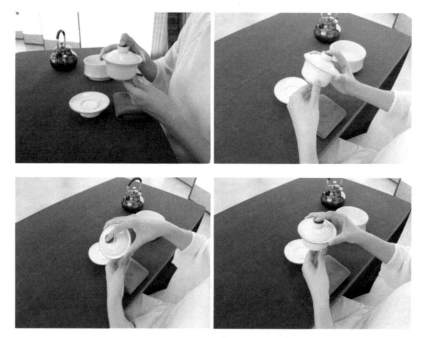

图 5-18 盖碗摇香

提 示

（1）捧起玻璃杯时，双手虎口相对形成圆。

（2）双臂呈抱球状。

（3）在摇香过程中，手指不离开玻璃杯。

（4）手腕转动，非手指或身体转动，身体保持正直。

（四）注水

右手提壶，均匀向盖碗内注水，水流细且缓，沿着碗壁逆时针旋转一周后定点至内壁 3 点钟方向，到合适水量时收水，如图 5-19 所示。

图 5-19　盖碗注水

提 示

（1）恩施玉露茶叶片细嫩，不要直接冲击茶叶。

（2）减少茶叶在茶汤中的翻滚，滋味更加醇爽。

（五）出汤及分茶

碗盖向右侧斜放，左侧留出细缝，右手单手拿起盖碗，移动到公道杯上方，转动手腕，茶汤全部流入公道杯中，再将公道杯中茶汤均匀分至各品茗杯，如图 5-20 所示。

图 5-20　出汤

思考与练习

根据恩施玉露的茶叶特性及茶叶内含物的理化性质分析冲泡时的技术要点	
你的答案	

单元二　恩施玉露冲泡技法与品饮方法

单元导入

不同质地、不同器型的茶具冲泡恩施玉露有其特定的形式和方法，只有掌握其要领，才能从本质上更好地展示恩施玉露的香气、滋味和汤色，泡出高质量的茶汤。对于玻璃杯及盖碗冲泡，应掌握哪些技术参数？哪些冲泡流程呢？让我们带着这些问题，开始本单元的学习。

相关知识

茶叶冲泡的方法很多，恩施玉露一般宜采用玻璃杯冲泡技法和瓷质盖碗冲泡技法。

◆**拓展知识**◆

清代袁枚《随园食谱》节选

　　余向不喜武夷茶，厌其浓苦如饮药。然丙午秋，余游武夷，到曼亭峰、天游寺诸处。僧道争以茶献，杯小如胡桃，壶小如香橼，每斟无一两，上口不忍遽咽，先嗅其香，再试其味，徐徐咀嚼而体贴之，果然清芬扑鼻，舌有余甘，一杯之后，再试一二杯，令人释躁平矜，怡情悦性，始觉龙井虽清而味薄矣，阳羡虽佳而韵逊矣，颇有玉与水晶品格不同之感。故武夷享天下盛名，真乃不忝，且可以冲至三次而其味犹未尽。

一、玻璃杯冲泡技法与品饮

在日常生活中为远道而来的客人奉上一杯绿茶，似乎已成为"客来敬茶"最常见的形式。绿茶是中国生产量和消费量最大的茶类，外形最丰富，品质有一定的差异，用玻璃杯冲泡绿茶可采用上投、中投、下投法冲泡，配合水温、茶水比、冲泡时间等因子，泡好每一杯茶。恩施玉露干茶外形紧圆、挺直似松针，色泽翠绿油润，经沸水冲泡，芽叶复展如生，具有较强的观赏性，因此可用透明玻璃杯上投法进行冲泡。

（一）准备

玻璃杯冲泡器具及规格见表5-2。所有器具摆放如图5-21所示。

表5-2 玻璃杯冲泡器具及规格

器具名称	数量	质地	规格
玻璃杯	3	玻璃	直径7 cm，高8 cm，容积220 mL
玻璃杯托	3	玻璃	直径11.5 cm，高2 cm
茶叶罐	1	玻璃	直径7.5 cm，高14 cm
水壶	1	玻璃	直径15 cm，高16 cm，容积1 400 mL
茶荷	1	竹质	长16.5 cm，宽5 cm
茶匙	1	竹质	长18 cm
茶巾	1	棉质	长27 cm，宽27 cm
水盂	1	玻璃	直径14 cm，高6 cm，容积600 mL
茶盘	1	木质	长50 cm，宽30 cm，高3 cm

（二）流程

流程：入座→布局→行注目礼→温杯→取茶→赏茶→注水→投茶→奉茶。

1. 入座

入座身体保持正直，落座于凳子前三分之一处，双脚并拢，双手自然放于胸前，沉肩目注前方，如图5-22所示。

图 5-21　备具（一）

图 5-22　入座（一）

2. 布局

从右至左依次布置茶具，水壶放至茶盘外右上，茶荷放至茶盘外右下，茶巾放至茶盘外中下，茶叶罐放至茶盘外左上，水盂放至茶盘外左下，翻杯以右上为第一杯。布局结束，茶盘外茶具呈向外打开的八字形，如图 5-23 所示。

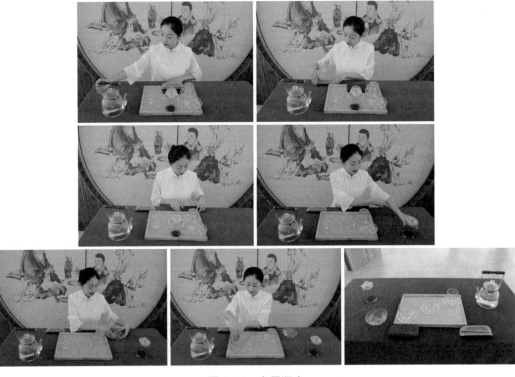
图 5-23　布局顺序

3. 行注目礼

正对品茗者，面带微笑，面容亲切温暖，与品茗者用目光进行交流，如图 5-24 所示。

4. 温杯

温杯时，注水至玻璃杯容器的三分之一，从右上至左下逐一温烫三个玻璃杯，如图 5-25 所示。

图 5-24　行注目礼（一）

图 5-25　温杯（一）

5. 取茶

用茶匙拨取茶叶至茶荷，取茶后将茶匙横放于茶巾上，茶匙头部悬空，如图 5-26 所示。

6. 赏茶

行茶者用腰带动身体从右至左将茶荷伸向前，以便品茗者更清楚地品鉴干茶的外形，如图 5-27 所示。

图 5-26　取茶（一）

图 5-27　赏茶（一）

7. 注水

采用上投法冲泡茶叶，依次注水至玻璃杯七分满，如图 5-28 所示。

8. 投茶

逐杯投茶，每杯约 2 g，如图 5-29 所示。

图 5-28　注水

图 5-29　投茶（一）

9. 奉茶

下蹲奉茶至品茗者面前，并手掌向上行伸掌礼请品茗者用茶，如图 5-30 所示。

图 5-30　奉茶（一）

二、盖碗冲泡技法与品饮

盖碗冲泡恩施玉露一般选择瓷质盖碗，并且盖碗、公道杯、品茗杯应协调一致，颜色以素雅为宜，青色或白色均可，即可观汤色，外表及颜色也应与恩施玉露的色调保持统一。

（一）准备

盖碗冲泡技法所需器具及规格见表 5-3。所有器具摆放如图 5-31 所示。

表 5-3　盖碗冲泡器具及规格

器具名称	数量	质地	规格
盖碗	1	瓷质	高 5.5 cm，直径 10 cm，容积 150 mL
公道杯	1	瓷质	直径 6 cm，高 7 cm，容积 150 mL
品茗杯	3	瓷质	直径 7.5 cm，高 4 cm，容积 70 mL
杯托	3	木质	直径 8 cm
茶叶罐	1	瓷质	直径 6 cm，高 9 cm
茶荷	1	竹质	长 11 cm，宽 5 cm

续表

器具名称	数量	质地	规格
水壶	1	锡质	高 12 cm，直径 8 cm，容积 500 mL
茶巾	1	棉质	长 27 cm，宽 27 cm
水盂	1	瓷质	直径 12 cm，高 8 cm，容积 400 mL
茶盘	1	木质	长 50 cm，宽 30 cm，高 3 cm

（二）流程

流程：入座→布局→行注目礼→取茶→赏茶→温碗→弃水→投茶→冲泡→温盅→出汤→温杯→分茶→奉茶。

1. 入座

入座同前，如图 5-32 所示。

图 5-31　备具（二）　　　　　图 5-32　入座（二）

2. 布局

依次将水壶放至茶盘外右上，水盂放至茶盘外右下，茶叶罐放至茶盘外左上，茶荷放至茶盘外左下，茶巾放至茶盘外中下，盖碗放至茶盘内右下，公道杯放至茶盘内左下，依次将左上、右上、中下的品茗杯分散开，布局结束，茶盘外茶具呈向外打开的八字形，如图 5-33 所示。

图 5-33　布局顺序（二）

图 5-33　布局顺序（二）（续）

3. 行注目礼

行注目礼同前，如图 5-34 所示。

图 5-34　行注目礼（二）

4. 取茶

双手取茶叶罐，用茶匙拨取茶叶至茶荷内，如图 5-35 所示。

图 5-35　取茶（二）

5. 赏茶

双手从上至下拿取茶荷至胸前，先右后左依次将双手移到下侧托住茶荷，手臂放松呈弧形，腰带动身体从左转至右，如图 5-36 所示。

图 5-36　赏茶（二）

6. 温碗

注水至盖碗三分之一处，同时注水至公道杯，右手拿盖碗，左手托底，逆时针旋转一周温盖碗，如图 5-37 所示。

图 5-37　温碗

7. 弃水

弃水至水盂，如图 5-38 所示。

8. 投茶

茶荷稍倾斜，将茶叶投入盖碗中，如图 5-39 所示。

图 5-38　弃水

图 5-39　投茶（二）

9. 冲泡

出水后逆时针一周定点至盖碗内壁，缓慢出水，如图 5-40 所示。

图 5-40　注水冲泡

10. 温盅

将公道杯的水依次倒入三个品茗杯中，如图 5-41 所示。

图 5-41　温盅

11. 出汤

第一泡时间控制在 60 s 左右，及时出汤至公道杯中，如图 5-42 所示。

12. 温杯

视情况控制温杯速度，冬季或室温较低的情况可双手温杯，减少茶汤热量的损失，如图 5-43 所示。

图 5-42　出汤

图 5-43　温杯（二）

13. 分茶

将公道杯中的茶汤分至品茗杯中，分茶至七分满即可，如图 5-44 所示。

图 5-44　分茶

14. 奉茶

奉茶同前，如图 5-45 所示。

图 5-45　奉茶（二）

分析为何行茶者在用盖碗冲泡恩施玉露时先出汤后温品茗杯	
你的答案	

◆ **拓展知识** ◆

自创茶艺演示案例

现阶段茶艺相关比赛已基本固定，由理论知识、规定茶艺、茶汤质量比拼及创新茶艺四部分组成。创新茶艺具有较强的观赏性，作为一种新的艺术形态，被人们逐渐接受，在茶文化推广与传播中发挥了重要作用。通过创新茶艺的演绎，全面考核选手的艺术创新能力、茶汤质量调控能力、科学素养、文化素养、艺术素养及礼仪素养等，是难度较高的考核模块。因此，编创的难度相对较高，创作者需有较深厚的功底。一个优秀的创新茶艺作品由五个要素组成，分别是主题与题材、创作茶席、冲泡参数与茶汤、演示者与演绎、意境营造与艺术呈现。前三者是基础；后两者是作品艺术呈现、表达的方式与方法，也是作品审美提升、内涵表达深化的手段之一。

以下两个案例均为恩施职业技术学院学生参赛获奖作品，仅供学生欣赏与参考。

一、第十一届湖北省茶业职业技能大赛优胜奖作品《一杯茶·一生情》

《一杯茶·一生情》演示文本

选手编号		自创茶艺作品名称	《一杯茶·一生情》

1. 主题思想

本作品取材于一位老人六十余年痴情于茶的故事，阐释了茶人的精神和内涵。

2. 创作思路

本作品是由国际知名茶叶专家杨胜伟老师的学生来讲述杨爷爷立志"为农民做些事"，用"一杯茶"的方式践行自己的诺言。他致力于恩施玉露和制茶技术的推广与应用，他把恩施玉露制作技艺直接应用于农民脱贫增收，他为恩施玉露名扬世界坚守一生。他的一生只为茶！

3. 演示流程

本作品选用仿宋斗笠盏碗泡法冲泡恩施玉露。

演示流程：赏茶—温碗、品茗杯—置茶—润茶—冲泡—分茶—奉茶。

4. 茶叶品名

选用茶品：恩施玉露。

5. 茶艺音乐

出场：钢琴曲 *Mother*。

冲泡：钢琴曲《风居住的街道》。

奉茶：钢琴曲《海浪的琴弦》。

6. 茶席创作

茶具组合：仿宋斗笠茶盏套组、白瓷茶叶罐、银壶炉组。

铺垫：米色底布、手工绘制莲花桌旗。

装饰：插花莲花、杨胜伟著《恩施玉露》。

7. 创新点

本作品讲述了国际知名茶叶专家杨胜伟老师立志"为农民做些事"、一生只为茶的感人故事。茶艺演示选手是杨胜伟老师的学生，选用的茶品是老师亲自教学生做的恩施玉露，演示形式采用仿宋斗笠盏碗泡法，所用茶具绘有莲花图案，铺垫手工绘制莲花的桌旗，表达了杨胜伟老师一生的清廉正洁、极尽善美，一心一意为人民的茶人精神。

8. 解说词

现场解说：说起他，想起茶。他是国际硒茶大师，他为恩施玉露代言。

作为"国家级非遗代表性项目恩施玉露制作技艺传承人"，他全程参与指导制作东湖茶叙用茶"恩施玉露"。他痴心制茶 60 余年，延续着民族工艺的传承步伐。

这位可敬可爱的老人就是我们学校的退休老师、国际知名茶叶专家杨胜伟，我们都亲切地叫他杨爷爷。

杨胜伟：我叫杨胜伟，出生在湖北省咸丰县一个农民家庭。退休之前我是一个教师，在退休后 20 多年一直在恩施州八县市 46 家茶叶企业担任技术指导。

旁白：20 世纪 50 年代，杨胜伟从恩施农校茶学专业毕业后，立志"为农民做些事"的他留校当了一名老师。杨老师任教 38 年，研究茶学也持续了 38 年，他用一生中最美丽的时光讲述着"桃李满天下"的美丽故事。

毫不夸张地说，正是杨胜伟的精心传授，让他的学生和徒弟撑起恩施州茶业界的蔚蓝天空。而他更多的学生默默奋斗在农技一线，延续着老师年轻时的理想。

现场解说："为农民做些事"，年轻时的杨爷爷不曾想到，他会以"一杯茶"的方式来践行自己的诺言。

旁白：精心制茶六十载，杨胜伟全身心投入恩施玉露的研究和制茶技术的推广与应用中，确立了"恩施玉露"传统制作技艺的理论体系，规范了操作技术规程，完成了里程碑式的专著《恩施玉露》。与此同时，杨胜伟为全州培养了一大批新型农民和茶叶技师，他要让恩施玉露走出大山，走向全国，走向世界。

续表

选手编号		自创茶艺作品名称	《一杯茶·一生情》

现场解说:"为农民做些事"! 年轻时的杨爷爷不曾想到,实现这个愿望会是为这个社会奉上"一杯茶"!

旁白:杨胜伟老师退休后的岁月与国家脱贫攻坚战役不期契合,他比以前更忙碌了,他直接走进农户"为农民办些事"。上高山,下远乡,他把恩施玉露技艺直接应用于农民脱贫增收。20多年时间,杨胜伟老师培训新型职业农民和茶叶专业技术人员40余期,培训7 000多人次。许多农民就是通过他的茶技传授直接摆脱贫困,发家致富。

现场解说:一杯茶! 涵盖了杨爷爷为农民做的那些事,只是年轻时的他不曾想到,当年自己的一个小心愿会和一个大时代产生如此紧密的联系。

杨胜伟:恩施玉露始创于康熙十九年,也就是1680年,首先是叫玉绿,1938年由杨润之改为玉露。

现场解说:恩施玉露是我国历史上唯一一款保存下来的蒸青针形绿茶,2018年,在武汉东湖之滨作为国事用茶后声名远扬。杨爷爷倾尽毕生精力对恩施玉露进行发掘保护,传承推广。

恩施玉露条索紧圆,挺直如松针,色泽翠绿油润似鲜绿豆。茶汤内质香气清高持久,滋味醇爽回甘,汤色叶底嫩绿明亮。

这是一款极具经济价值和文化价值的历史名茶。

杨胜伟:我成为国家级传承人以后,深感自己肩上增加了一副重担,多了一份责任。老牛自知夕阳晚,不须扬鞭自奋蹄。我将生命不息,奋斗不止。

茶席照片	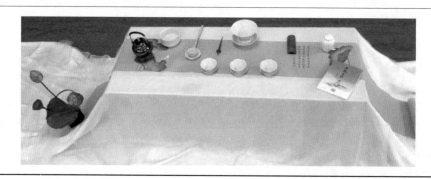

视频:《一杯茶·一生情》

二、第十届湖北省茶业职业技能大赛金奖作品《茶人·茶心》

《茶人·茶心》演示文本

选手编号		自创茶艺作品名称	《茶人·茶心》

1. 主题思想

恩施玉露成为国叙用茶之后,已然成为恩施的一张亮丽的名片。

2. 创作思路

本茶艺展示皆在通过导游带领游客体验玉露馆的过程,反映恩施玉露的前世今生,体现它丰富的文化内涵和品质特征,以及在传承过程中,十几代茶人孜孜以求、无私奉献的精神。

3. 茶叶品名

选用茶品:恩施玉露

选手编号	自创茶艺作品名称	《茶人·茶心》

4.解说词

旁白：他是德高望重的老者，他是技艺精湛的专家，他被国际茶叶委员会授予"国际硒茶大师"称号，他被命名为"国家级非物质文化遗产代表性恩施玉露制作技艺国家级代表性传承人"。2018年4月，他全程参与指导制作东湖茶叙用茶"恩施玉露"。这位八十高龄的老人痴心制茶60余年，用一生的坚持与守望，延续着民族工艺的传承步伐。

他就是恩施职院退休教师、国际知名茶叶专家杨胜伟。

恩施正是有了很多像杨胜伟老师这样的茶人，恩施玉露才能走出大山、享誉世界；才能制成国叙用茶；才能被联合国粮农组织选定为工作用茶；才能在国际茶博会上屡获金奖……

越来越多的国内外茶人来到恩施，就为寻求恩施玉露那一缕优柔绵长的清香……

现场解说：各位茶友，大家好。欢迎来到恩施玉露的故乡。恩施位于武陵山地区，气候温暖湿润、雨量充沛、云遮雾绕，适宜种茶。全州现有150多万亩的优质茶园，总产量10多万吨，位均居湖北省首位。而恩施玉露在恩施硒茶中一枝独秀，具有举足轻重的地位。接下来让我们走进恩施玉露体验馆，体验她的独特之美。

清康熙十九年，贵州青年蓝耀尚追随青梅竹马的文姓女子，来到恩施芭蕉黄连溪。在遭到文氏家人的反对后，蓝耀尚在黄连溪一边垒灶制茶，一边与心上的姑娘偷偷相会。在爱情力量的支撑下，蓝耀尚终于制成声名大噪、传承悠久的恩施玉露。最终也获得文氏家人的尊重与应允，有情人终成眷属。

恩施玉露经第一代至第七代蓝氏家族传承后，又经社会传承至今，共有12代传人和338年的传承历史。

恩施玉露是我国历史上唯一保存下来的蒸青针形绿茶。传统制作技艺是以蒸青灶和焙炉为工具，以高温蒸汽穿透叶组织破坏酶活性的生化原理和茶叶滚转成条的规律为理论体系，运用蒸、扇、炒、揉、铲、整六大核心技术和搂、端、搓、扎四大手法，制作紧圆挺直如松针绿茶的世传绝技。

恩施玉露外形条索匀整、紧圆挺直如松针，色泽翠绿明亮似鲜绿豆。

恩施玉露茶汤内质香气，清高持久，滋味醇爽回甘，汤色叶底嫩绿明亮。

品尝恩施玉露就是在欣赏一种深厚底蕴的民族文化，凝望一段荡气回肠的爱情故事，见证一种坚韧不拔的茶人精神。

我们的恩施玉露体验之旅就到此结束了，欢迎更多的茶友来到恩施，体验不一般的神奇、不一般的美。

茶席照片	

视频：《茶人·茶心》

测一测

参考答案

一、单选题

1. 钻研业务、精益求精具体体现在茶艺师不但要主动、热情、耐心、周到地接待品茶客人，而且必须（　　　）。

    A. 熟练掌握不同茶品的沏泡方法

    B. 专门掌握本地茶品的沏泡方法

    C. 专门掌握茶艺表演方法

    D. 掌握保健茶或药用茶的沏泡方法

2. 当下列水中（　　　）时称为硬水。

    A. Cu^{2+}、Al^{3+} 的含量大于 8 mg/L

    B. Fe^{2+}、Fe^{3+} 的含量大于 8 mg/L

    C. Zn^{2+}、Mn^{2+} 的含量大于 8 mg/L

    D. Ca^{2+}、Mg^{2+} 的含量大于 8 mg/L

3. 陆羽《茶经》指出："其水，用山水上，（　　　）中，井水下，其山水，拣乳泉，石池漫流者上。"

    A. 河水   B. 溪水   C. 泉水   D. 江水

4. 在夏季冲泡茶的基本程序中，温壶（杯）的操作是（　　　）。

    A. 不需要，用冷水清洗茶壶（杯）即可

    B. 仅为了清洗茶具

    C. 提高壶（杯）的温度，同时使茶具得到再次清洗

    D. 只有消毒杀菌的作用

5. 在各种茶叶的冲泡程序中，（　　　）是冲泡技巧中的三个基本要素。

    A. 茶叶用量、水温、浸泡时间

    B. 置茶、温壶、冲泡

    C. 茶叶用量、壶温、浸泡时间

    D. 茶具、茶叶品种、温壶

6. 冲泡茶的过程中，（　　　）动作是不规范的，不能体现茶艺师对宾客的敬意。

    A. 用杯托双手将茶奉到宾客面前   B. 用托盘双手将茶奉到宾客面前

    C. 双手平稳奉茶   D. 奉茶时将茶汤溢出

7. 以下说法中，品茶与喝茶的相同点是（　　　）。

    A. 对泡茶意境的讲究   B. 对泡茶水质的讲究

C. 对冲泡茶的方法一致　　　　　　D. 对茶的色香味的讲究

8. 分茶时应分至杯中（　　　）分满。

　　A. 六　　　　　　　B. 七　　　　　　　C. 八　　　　　　　D. 九

9. 要想品到一杯好茶，首先要将茶泡好，需要掌握的要素是选茶、择水、备器、雅室、（　　　）。

　　A. 冲泡和品尝　　　　　　　　　　B. 观色和闻香

　　C. 冲泡和奉茶　　　　　　　　　　D. 品茗和奉茶

10. 青花瓷是在（　　　）上缀以青色文饰、清丽恬静，既典雅又丰富。

　　A. 玻璃　　　　　　B. 黑釉瓷　　　　　　C. 白瓷　　　　　　D. 青瓷

二、判断题

1. 茶艺服务中的文明用语，即通过语气、表情、声调等与品茶客人交流时要语气平和、态度和蔼、热情友好。　　　　　　　　　　　　　　　　　　　　　（　　　）

2. 尽心尽职具体体现在茶艺服务中充分发挥主观能动性，用自己最大的努力尽到自己的职业责任。　　　　　　　　　　　　　　　　　　　　　　　　　　　（　　　）

3. 恩施玉露宜采用 95 ℃的水进行冲泡。　　　　　　　　　　　　　　　　（　　　）

4. 当水中 Co、Cd 的含量大于 8 mg/L 时称为硬水。　　　　　　　　　　　（　　　）

5. 冲泡茶汤时间越久，内含物质浸出越多，因此冲泡恩施玉露应等待足够长的时间后再出汤分茶。　　　　　　　　　　　　　　　　　　　　　　　　　　　（　　　）

6. 在茶冲泡过程中，用杯托双手将茶奉到宾客面前体现茶艺师借用形体动作传递对宾客的敬意。　　　　　　　　　　　　　　　　　　　　　　　　　　　　（　　　）

7. 绿茶类属轻发酵茶。故其茶叶颜色翠绿、汤色黄。　　　　　　　　　　（　　　）

8. 在各种茶叶的冲泡程序中，茶叶的品种、水温和茶叶的浸泡时间是冲泡技巧中的三个基本要素。　　　　　　　　　　　　　　　　　　　　　　　　　　　（　　　）

9. 为了将茶叶冲泡好，在选择茶具时主要的参考因素是看场合、看人数、看茶叶。

　　　　　　　　　　　　　　　　　　　　　　　　　　　　　　　　　（　　　）

10. 冲泡恩施玉露注水时应使茶叶充分翻滚，使茶汤浓淡适宜。　　　　　（　　　）

参 考 文 献

［1］杨胜伟.恩施玉露 [M].2 版.北京：中国农业出版社，2021.

［2］夏涛.制茶学 [M].3 版.北京：中国农业出版社，2016.

［3］施兆鹏.茶叶审评与检验 [M].4 版.北京：中国农业出版社，2010.

［4］农艳芳.茶叶审评与检验 [M].北京：中国农业出版社，2012.

［5］林智，王云，龚自明.绿茶加工技术与装备 [M].北京：科学出版社，2020.

［6］林智.茶叶深加工技术 [M].北京：科学出版社，2020.

［7］顾谦，陆锦时，叶宝存.茶叶化学 [M].合肥：中国科学技术大学出版社，
     2002.

［8］王云.茶叶加工工 [M].北京：中国劳动社会保障出版社，2012.

［9］蔡烈伟.茶树栽培技术 [M].2 版.北京：中国农业出版社，2022.

［10］周智修，江用文，阮浩耕.茶艺培训教材 [M].北京：中国农业出版社，2021.

［11］赖凌凌，郭雅玲.茶鲜叶的保鲜原理与技术 [J].茶叶科学技术，2004（03）：
     32-34.

［12］罗龙新.鲜叶物理特性与成条关系的初步探讨 [J].中国茶叶，1984（04）：9-11.

［13］丁俊之.从世界茶叶产销特点探讨我国茶业持续发展之道 [J].中国茶叶，
     2014，36（04）：4-6.